全国职业教育规划教材·电子电工系列

电子产品制作工艺与实训
（第二版）

主 编 周德东

图书在版编目(CIP)数据

电子产品制作工艺与实训/周德东主编.—2 版.—北京：北京大学出版社，2017.10
（全国职业教育规划教材·电子电工系列）
ISBN 978-7-301-28782-8

Ⅰ.①电… Ⅱ.①周… Ⅲ.①电子工业—产品—生产工艺—高等职业教育—教材 Ⅳ.①TN05

中国版本图书馆 CIP 数据核字（2017）第 227508 号

书　　　名	电子产品制作工艺与实训 （第二版）
	Dianzi Chanpin Zhizuo Gongyi yu Shixun
著作责任者	周德东　主编
策划编辑	桂　春
责任编辑	颜克俭
标准书号	ISBN 978-7-301-28782-8
出版发行	北京大学出版社
地　　　址	北京市海淀区成府路 205 号　100871
网　　　址	http://www.pup.cn　　新浪微博:@北京大学出版社
电子信箱	zyjy@pup.cn
电　　　话	邮购部 62752015　发行部 62750672　编辑部 62704142
印刷者	北京圣夫亚美印刷有限公司
经销者	新华书店
	787 毫米×1092 毫米　16 开本　15.75 印张　356 千字
	2017 年 10 月第 2 版　2024 年 8 月第 3 次印刷
定　　　价	38.00 元

未经许可，不得以任何方式复制或抄袭本书之部分或全部内容。
版权所有，侵权必究
举报电话：010-62752024　电子信箱：fd@pup.pku.edu.cn
图书如有印装质量问题，请与出版部联系，电话：010-62756370

第二版前言

电子产品制作工艺与实训课程是实践性非常强的技术基础课,是培养工程师基本训练的重要实践环节。随着当前3D打印技术、石墨烯应用技术、量子通信技术、无线充电技术、微电网技术、新能源技术等的研发,再加上表面安装技术(SMT)的飞速发展,电子技术已经渗透到国民经济的各行各业中。

电子系统的微型化和集成化是当代技术革命的重要标志,也是未来发展的重要方向。日新月异的各种高性能、高可靠、高集成、微型化、轻型化的电子产品,正在改变我们的世界,影响我们的生活。因此,工科院校开设电子实习、实训课程,让学生于在校期间熟悉电子元器件、了解电子产品工艺的一般知识、掌握最基本的安装焊接操作技能、接触电子产品的生产过程,有利于其今后的专业实验、实习、实训、课程设计、毕业设计等;同时,也提高了学生的动手实践能力,为今后从事实际工作奠定了良好的基础。

本书紧密结合高等院校实践教学的要求和特点,编写过程中注重培养学生的动手实践能力和科技创新能力——这也是电子产品制作工艺与实训课程教学的主要目标。

本书主要特点如下。

1. 知识面广

本书主要内容包括电子技术安全常识,常用电子元器件的识别,常用电子元器件的检测,电子产品的焊接工艺,电子产品整机装配工艺,表面安装技术工艺、设备及元器件,印制电路板的设计与制作,电子工艺实习项目,电子技术实习要求和安全操作规程等。第1、9章主要讲述安全用电常识和实习安全操作规程;第2、3章主要讲述电子元器件(电阻器、电容器、电感器、半导体集成电路、表面安装技术器件等)的检测与识别;第4、5章主要讲述电子产品整机装配工艺与焊接工艺;第6章主要讲述表面安装技术工艺、设备及元器件;第7章主要讲述印制电路板的设计与制作;第8章主要介绍电类和非电类专业实习、实训项目,附录提供了实践教学中常用的二极管、二极管、集成芯片等的主要参数。

2. 图片多、内容新

本书在编写过程中,注重介绍表面安装技术设备、元器件的最新的标识方法及封装等知识;同时,本书还介绍了近年来的新器件、新工艺、新设备。本书紧跟技术发展,大量采用最新实物图片,使内容直观、生动、容易掌握。

3. 实用性强

本书强调实践,注重培养学生的动手能力、应用能力、创新能力和元器件参数的速查能力,对各种器件除介绍其概念、命名、分类、标志方法和性能指标等以外,还着重讲述其主要参数的测试方法和应用选择。本书还对学生在实习中所做项目的设计与制作进行了详细介绍，通过对电子产品的安装、焊接、调试，了解电子产品装配的全过程，训练学生的动手能力，掌握相关元器件的识别、检测及了解整机调试工艺。

本书由兰州工业学院周德东主编并统稿，具体编写分工如下：郭志成编写第1、5、6、7章，李晓青编写第2、3、4、9章，周德东编写第8章和附录。

本书编写过程中得到许多同行和专家的帮助和支持，在此深表谢意！

由于编者水平有限，书中难免会出现一些不完善之处，恳请读者批评指正。

编　者
2017年8月

本教材配有教学课件，如有教师需要，请加QQ群（279806670）索取，也可致电北京大学出版社：010-62704142。

目 录

第1章 电子技术安全常识 ·· 1
  1.1 电气基本常识 ··· 1
  1.2 人身安全常识 ··· 3
  1.3 设备安全用电常识 ··· 5
  1.4 用电安全技术简介 ··· 6
  1.5 电子装接操作安全 ··· 7
  1.6 触电急救与电气火灾扑救 ··· 9
  1.7 电动工具的安全使用 ·· 10
  1.8 静电的危害及消除静电危害的措施 ··· 11

第2章 常用电子元器件的识别 ··· 13
  2.1 电阻器 ·· 13
  2.2 电容器 ·· 22
  2.3 电感线圈、变压器 ··· 26
  2.4 半导体器件 ··· 31
  2.5 表面安装技术元器件 ·· 34
  2.6 半导体集成电路 ·· 38

第3章 常用电子元器件的检测 ··· 42
  3.1 电阻器、电位器的检测 ··· 42
  3.2 电容器的检测 ··· 43
  3.3 半导体器件的检测 ··· 44
  3.4 电感器、变压器的检测 ··· 47
  3.5 常用开关的检测 ·· 49
  3.6 数码管的检测 ··· 50
  3.7 集成电路的检测、替换和使用 ··· 51
  3.8 石英晶体振荡器的检测 ··· 53
  3.9 可控硅的检测 ··· 53
  3.10 场效应管检测及使用注意事项 ··· 55

第4章 电子产品的焊接工艺 ·· 59
  4.1 元器件焊接的概念 ··· 59
  4.2 焊接工具及使用方法 ·· 59
  4.3 焊料和焊剂 ··· 62
  4.4 焊接操作步骤 ··· 63

第5章 电子产品整机装配工艺 ··· 68
  5.1 整机装配工艺过程 ··· 68

5.2	印制电路板的组装	70
5.3	整机调试与老化	74

第6章 表面安装技术工艺、设备及元器件

6.1	表面安装技术简介	76
6.2	小型表面安装技术设备	78
6.3	表面安装技术焊接质量	79
6.4	表面安装技术贴片元器件封装类型的识别	79
6.5	贴片电阻的标称值和换算值	85

第7章 印制电路板的设计与制作

7.1	印制电路板设计的基本原则和要求	89
7.2	多功能环保制板系统制作印制电路板	92
7.3	手工制作印制电路板	121

第8章 电子工艺实习项目

8.1	电子工艺实习	123
8.2	电子实习	140
8.3	电子技术实习	153
8.4	印制电路板设计与制作实习	164
8.5	表面安装技术工艺实习	184

第9章 电子技术实习要求和安全操作规程

9.1	电子技术实习要求	193
9.2	电子技术实习安全操作规程	193

附录

附录A	三极管参数	195
附录B	二极管和稳压芯片参数	222
附录C	学生科技创新部分作品及实习制作部分产品	226
附录D	部分常用数字集成电路引脚排列图	229
附录E	部分常用数码管、光耦合器及双向晶闸管主要参数	234
附录F	电子技术实习检测报告格式	236
附录G	"电子产品制作工艺与实训"实习项目信息表	242
附录H	学生实习报告成绩表	243

参考文献 ... 244

第1章 电子技术安全常识

1.1 电气基本常识

1. 电流和电路

(1) 电流。

在电源的作用下,带电微粒会发生定向移动,正电荷向电源负极移动、负电荷向电源正极移动。带电微粒的定向移动就是电流,一般以正电荷移动的方向为电流的正方向。大小和方向不随时间变化的电流称为直流电,大小和方向随时间作周期性变化的电流称为交流电。

电流的大小称为电流强度,电流强度简称电流。电流的常用单位是安培(A)、毫安(mA)、微安(μA),即

1 A = 1 000 mA = 1 000 000 μA。

(2) 电路。

电流流过的路径即为电路。闭合电路可实现电能的传递和转换。电路由电源、连接导线、开关电器、负载及其他辅助设备组成。电源是提供电能的设备,电源的功能是把非电能转换为电能,如电池把化学能转换为电能、发电机把机械能转换为电能、太阳能电池将太阳能转化为电能、核能将质量转化为能量等。干电池、蓄电池、发电机等是最常用的电源。负载是电路中消耗电能的设备,负载的功能是把电能转变为其他形式的能量,如电炉把电能转变为热能、电动机把电能转变为机械能等。照明器具、家用电器、机床等是最常见的负载。开关电器是负载的控制设备,如刀开关、断路器、电磁开关、减压启动器等都属于开关电器。辅助设备包括各种继电器、熔断器以及测量仪表等。辅助设备用于实现对电路的控制、分配、保护及测量。连接导线把电源、负载和其他设备连接成一个闭合回路,连接导线的作用是传输电能或传送电信号。

2. 保险丝的作用

保险丝又称为熔丝,主要是用于防止因电流过大而烧坏用电设备的一道保险。保险丝是一种容易熔断的细合金丝,它只能通过额定用电电流,当电流量超过一定的数值时,它就会发热熔断而切断电源,从而保护电线、用电设备等不被烧坏,特别是当电线短路时,如不能很快切断电源,电线在瞬间就会被烧坏,甚至发生火灾。保险丝的大小应按用电量大小而定,一般1 A 的保险丝可以正常使用 100~200 W 的电器。保险丝太大起不到良好的保护作用;太小又会经常烧断,影响正常用电。

3. 安全电压

安全电压是在一定条件下、一定时间内不危及生命安全的电压。安全电压的限值是在任何情况下，任意两导体之间都不得超过的电压值。我国标准规定工频安全电压有效值的限值为 50 V。我国规定工频有效值的额定值有 42 V、36 V、24 V、12 V 和 6 V 五个安全电压等级。特别危险环境使用的携带式电动工具应采用 42 V 安全电压；有电击危险环境使用的手持照明灯和局部照明灯应采用 36 V 和 24 V 安全电压；金属容器内、隧道内、水井内以及周围有大面积接地导体等工作地点狭窄、行动不便的环境应采用 12 V 安全电压；水上作业等特殊场所应采用 6 V 安全电压。

4. 电气安全图形标志

电气安全标志常用颜色来区分各种不同性质、不同用途的导线，或用来表示某处安全程度。

按照规定，为便于识别，防止误操作，确保运行和检修人员的安全，采用不同颜色来区别设备特征。如电气母线，A 相为黄色，B 相为绿色，C 相为红色，明敷的接地线涂为黑色。在二次系统中，交流电压回路用黄色，交流电流回路用绿色，信号和警告回路用白色。

电气安全图形标志一般用来告诫人们不要去接近危险场所，如图 1.1 所示。

一般采用的安全颜色有以下几种。

（1）红色用来标志禁止、停止和消防，如信号灯、信号旗、机器上的紧急停机按钮等都是用红色来表示"禁止"的信息。

（2）黄色用来标志注意危险。

（3）绿色用来标志安全无事。

（4）蓝色用来标志强制执行。

（5）黑色用来标志图像、文字符号和警告标志的几何图形。

图 1.1　电气安全图形标志

1.2 人身安全常识

1.2.1 触电危害

1. 电伤

电伤是由于电流的热效应、化学效应或机械效应对人体所造成的危害,包括灼伤、电烙伤、皮肤金属化等。它对人体的危害一般是体表的、非致命的。发生电伤而导致的人体外表创伤,主要有以下几种。

(1) 灼伤。灼伤是指由于电的热效应而对人体皮肤、皮下组织、肌肉甚至神经产生的伤害(灼伤)。灼伤会引起皮肤发红、起泡、烧焦、坏死等。

(2) 电烙伤。电烙伤是指由电流的机械和化学效应造成人体触电部位的外部伤痕,通常是皮肤表面的肿块。

(3) 皮肤金属化。皮肤金属化是由于电流的化学效应,使得触电点的皮肤为带电金属体的颜色。

2. 电击

电击是指电流通过人体时所造成的内伤。它严重干扰人体正常的生物电流,造成肌肉痉挛(抽筋)、神经紊乱,导致呼吸停止、心脏心室颤动,严重的会危害生命。

3. 影响电流对人体危害程度的因素

电流对人体伤害的严重程度与通过人体电流的大小、频率、持续时间、通过人体的路径及人体电阻的大小等多种因素有关。

(1) 电流的大小。人体内是存在生物电流的,一定限度的电流不会对人造成损伤。一些电疗仪器就是利用电流刺激穴位来达到治疗目的的。电流对人体的作用如表1.1所示。

表1.1 电流对人体的作用

电流/mA	对人体的作用
<0.7	无感觉
0.7~1	有轻微感觉
1~3	有刺激感,一般电疗仪器取此电流
3~10	感到痛苦,但可自行摆脱
10~30	引起肌肉痉挛,短时间无危险,长时间有危险
30~50	强烈痉挛,时间超过60 s,即有生命危险
50~250	产生心脏心室颤动,丧失知觉,严重危害生命
>250	短时间(1 s以上)造成心脏骤停,体内造成电灼伤

（2）电流的类型。电流的类型不同对人体的损伤也不同。直流电一般引起电伤，而交流电则电伤与电击同时发生，特别是频率为 40～100 Hz 的交流电对人体最危险。不幸的是，人们日常使用的工频市电（我国为 50 Hz）正是在这个危险的频率段。当交流电频率达到 20 000 Hz 时对人体危害很小，用于理疗的一些仪器采用的就是这个频率段。

（3）电流的作用时间。电流对人体的伤害与作用时间密切相关。可以用电流与时间乘积（也称电击强度）来表示电流对人体的危害。触电保护器的一个主要指标就是额定断开时间与电流乘积小于 30 (mA·s)。实际产品可以达到小于 3 (mA·s)，故可有效防止触电事故。

（4）人体电阻。人体是一个不确定的电阻。皮肤干燥时电阻可呈现 100 kΩ 以上；而一旦潮湿，电阻可降到 1 kΩ 以下。

人体还是一个非线性电阻，随着电压升高，电阻值减小。表 1.2 给出人体电阻阻值随电压的变化。

表 1.2 人体电阻阻值随电压的变化

电压/V	1.5	12	31	62	125	220	380	1000
电阻/kΩ	>100	16.5	11	6.24	3.5	2.2	1.47	0.64
电流/mA	忽略	0.8	2.8	10	35	100	268	1560

1.2.2 触电原因

人体触电，主要原因有两种：直接或间接接触带电体以及跨步电压。直接接触又可分为单相接触和两相接触。

（1）单相接触。一般工作和生活场所供电为 380 V/220 V 中性点接地系统，当处于地电位的人体接触带电体时，人体承受相电压。

（2）两相接触。人体同时接触电网的两根相线发生触电，这种接触电压高，大多是在带电工作时发生的，而且一般保护措施都不起作用，因而危险极大。

（3）静电接触。在检修电器或科研工作中有时发生电器设备已断开电源，但在接触设备某些部位时发生触电，属于间接接触带电体，这在有高压大容量电容器的情况下有一定危险，特别是质量好的电容器能长期储存电能。

（4）跨步电压。在故障设备附近，如电线断落在地上，在接地点周围存在电场，当人走进这一区域时，将因跨步电压而使人体触电，如图 1.2 所示。

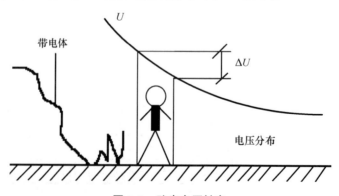

图 1.2 跨步电压触电

1.2.3 防止触电

1. 安全教育

无数触电事故的教训告诫人们，思想上的麻痹大意往往是造成人身事故的重要因素，因此必须加强安全教育，使人们懂得安全用电的重要性，力求彻底消灭人身触电事故。

2. 安全制度

在工厂企业、科研院所、实验室、实习室等用电单位，几乎无一例外地制定有各种各样的安全用电制度。这些制度绝大多数都是在科学分析的基础上制定的，也有很多条文是在实际生活中总结出的经验，可以说很多制度条文是用惨痛的教训换来的。人们一定要牢记，当走进车间、实习室或实验室等一切用电场所时，千万不要忽视安全用电制度。

3. 安全措施

（1）对正常情况下带电的部分，一定要加绝缘防护，并且置于人不容易碰到的地方，例如输电线、配电盘、电源板等。

（2）所有金属外壳的用电器及配电装置都应该装设保护接地或保护接零。目前，大多数工作、生活用电系统是保护接零。

（3）在所有使用民用电的场所装设漏电保护器。

（4）随时检查用电器插头、电线，发现破损老化应及时更换，消除安全隐患。

（5）手持电动工具尽量使用安全电压工作。我国规定常用安全电压为 36 V 或 24 V，特别危险场所为 12 V。

4. 安全操作

（1）任何情况下检修电路和电器都要确保断开电源，仅仅断开设备上的开关是不够的，还要拔下插头。

（2）切记不要用湿手去开关电源或插拔电器。

（3）遇到不明情况的电线，默认为它是带电的。

（4）尽量养成单手操作电工作业的习惯。

（5）不在疲倦、身体有病等状态下从事电工作业。

（6）遇到较大体积的电容器时要先行放电，再进行检修。

1.3 设备安全用电常识

1. 设备接电前检查

将用电设备接入电源，这个问题似乎很简单，其实不然。有的数十万元昂贵设备，接上电源一瞬间变成废品；有的设备本身若有故障会引起整个供电网异常，造成难以挽回的损失。因此，建议设备接电前应进行"三检查"。

（1）检查设备铭牌。按国家标准，设备都应在醒目处有该设备要求电源电压、频率、容量的铭牌或标志。

（2）检查环境电源电压、容量是否与设备吻合。

（3）检查设备电源线是否完好、外壳是否带电。一般用万用表的欧姆挡检测即可。

2. 异常的处理

（1）设备外壳或手持部位有麻电感觉。

（2）开机或使用中熔丝熔断。

（3）出现异常声音，如有内部放电声、电机转动声音异常等。

（4）有异味，如塑料味、绝缘漆挥发出气味，甚至烧焦的气味等。

（5）机内打火，出现烟雾。

（6）有些指示仪表数值突变，指示超出正常范围。

3. 异常情况的处理办法

（1）凡遇上述异常情况之一，应尽快断开电源，拔下电源插头，对设备进行检修。

（2）对烧断熔断器的情况，绝不允许换上大容量熔断器继续工作，一定要查清原因后再换上同规格熔断器。

（3）及时记录异常现象及部位，避免检修时再通电查找。

1.4 用电安全技术简介

1. 接零保护

（1）接地。在中性点不接地的配电系统中，电气设备宜采用接地保护。这里的"接地"同电子电路中简称的"接地"（在电子电路中"接地"是指接公共参考电位"零点"）不是一个概念，而是真正的接大地，即将电气设备的某一部分与大地土壤进行良好的电气连接，一般通过金属接地体并保证接地电阻小于4Ω。

（2）接零保护。对变压器中性点接地系统（现在普遍采用电压为380 V/220 V三相四线制电网）来说，采用外壳接地已不足以保证安全。应采用保护接零，即将金属外壳与电网零线相接。一旦相线碰到外壳即可形成与零线之间短路，产生很大的电流，使熔断器或过流开关断开，切断电流，因而可防止电击危险。这种采用保护接零的供电系统，除工作接地外，还必须有重复接地保护。

用220 V供电系统的保护零线和工作零线。在一定距离和分支系统中，必须采用重复接地。应注意的是这种系统中的保护接零必须接到保护零线上，而不能接到工作零线上。虽然保护零线与工作零线对地的电压都是零伏，但保护零线上是不能接熔断器和开关的，而工作零线上则根据需要可接熔断器及开关。

室内有保护零线时，用电器外壳采用保护接零的接法。

2. 漏电保护开关

漏电保护开关也称为触电保护开关，是一种保护切断型的安全技术，它比保护接地或保护接零更灵敏、更有效。据统计，某城市普遍安装漏电保护开关后，同一时期内触电伤亡人数减少了 2/3，可见技术保护措施的作用不可忽视。

可把漏电保护开关看作是一种灵敏继电器，检测器 JC 控制开关 S 的通断。当超过安全值即控制 S 动作切断电源，如图 1.3 所示。

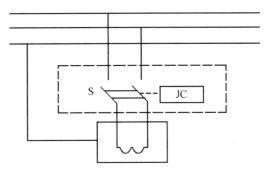

图 1.3　漏电保护开关

3. 过限保护

用于过电流保护的装置和元件主要有熔断器、电子继电器及聚合开关，它们串接在电源回路中以防止意外电流超限。

熔断器用途最普遍，主要特点是简单、价廉；不足之处是反应速度慢而且不能自动恢复。

电子继电器过流开关也称为电子熔断器，反应速度快、可自行恢复，但较复杂，成本高，在普通电器中难以推广。

1.5　电子装接操作安全

1. 用电安全

尽管电子装接工作通常称为"弱电"工作，但实际工作中免不了接触"强电"。一般常用的电动工具（如电烙铁、电钻、电热风机等）、仪器设备和制作装置大部分需要接市电才能工作，因此用电安全是电子装接工作的首要关注点。实践证明以下三点是安全用电的基本保证。

（1）安全用电观念。

增强安全用电的观念是安全的根本保证。任何制度、任何措施都是由人来贯彻执行的，忽视安全是最危险的隐患。

（2）基本安全措施。

工作场所的基本安全措施是保证安全的物质基础，它包括以下几条。

① 工作室电源符合电气安全标准。

② 工作室总电源上装有漏电保护开关。

③ 使用符合安全要求的低压电器（包括电线、电源插座、开关、电动工具、仪器仪表等）。

④ 工作室或工作台上有便于操作的电源开关。

⑤ 从事电力电子技术工作时，工作台上应设置隔离变压器。
⑥ 在调试、检测较大功率电子装置时，工作人员不少于两人。
（3）养成安全操作习惯。

习惯是一种下意识的、不经思索的行为方式，安全操作习惯可以经过培养逐步形成，并使操作者终身受益。主要安全操作习惯有以下几条。

① 人体触及任何电气装置和设备时先断开电源。断开电源一般指真正脱离电源系统（如拔下电源插头、断开刀闸开关或断开电源连接），而不仅是断开设备的电源开关。
② 测试、装接电力线路采用单手操作。
③ 触及电路的任何金属部分之前都应进行安全测试。

2. 机械损伤

电子装接工作中机械损伤比在机械加工中要少得多，但是如果放松警惕、违犯安全规程仍然存在一定危险。例如，戴手套或者披散长发操作钻床是违犯安全规程的，实践中曾发生手臂和头发被高速旋转的钻具卷入而造成严重伤害的事故。再如，使用螺丝刀紧固螺钉可能打滑伤及自己的手；剪断印制板上元件引线时，线段飞溅打伤眼睛等事故都曾发生。而这些事故只要严格遵守安全制度和操作规程，树立牢固的安全保护意识，是完全可以避免的。

3. 防止烫伤

烫伤在电子装接工作中是频繁发生的一种安全事故，这种烫伤一般不会造成严重后果，但也会给操作者造成伤害。只要注意操作安全，烫伤完全可以避免。造成烫伤的原因及防止措施如下。

（1）接触过热固体，常见有下列两类造成烫伤的固体。遵守安全制度和操作规程，树立牢固的安全保护意识，是完全可以避免的。

① 电烙铁和电热风枪。特别是电烙铁为电子装接必备工具，通常烙铁头表面温度可达 400～500℃，而人体所能耐受的温度一般不超过 50℃，直接触及电烙铁头肯定会造成烫伤。

工作中电烙铁应放置在烙铁架上，并把它们搁置在工作台的右前方。观测烙铁温度可用烙铁头熔化松香，不要直接用手触摸烙铁头。

② 电路中发热电子元器件，如变压器、功率器件、电阻、散热片等。特别是电路发生故障时有些发热器件可达几百摄氏度高温，如果在通电状态下触及这些元器件不仅可能造成烫伤，还可能有触电危险。

（2）过热液体烫伤。电子装接工作中接触到的主要有熔化状态的焊锡。

（3）电弧烫伤。电弧烫伤常发生在操作电气设备过程中，较大功率电器不通过启动装置而直接接到刀闸开关上，当操作者用手去断开刀闸时，由于电路感应电动势（如电机、变压器等）在刀闸开关之间可产生数千伏甚至上万伏的高电压，因此击穿空气而产生的强烈电弧容易烧伤操作者。

1.6 触电急救与电气火灾扑救

1. 触电急救

发生触电事故，千万不要惊慌失措，必须用最快的速度使触电者脱离电源。要记住当触电者未脱离电源前其本身就是带电体，同样会使抢救者触电。

脱离电源最有效的措施是拉闸或拔出电源插头，如果一时找不到或来不及找的情况下可用绝缘物（如带绝缘柄的工具、木棒、塑料管等）移开或切断电源线。关键是：一是要反应快，二是不要使自己触电。几秒钟的迟疑都可能造成无法挽救的后果。

脱离电源后如果病人呼吸、心跳尚存，应尽快送医院抢救。若是心跳停止，则应采用人工心脏挤压法维持血液循环；若是呼吸停止，则应立即做口对口的人工呼吸。若是心跳、呼吸全停，则应同时采用上述两个方法，并拨打120急救电话求救。

2. 电气火灾扑救

（1）电气火灾的特点。

电气火灾与一般火灾相比，有以下两个突出的特点。

① 电气设备着火后可能仍然带电，并且在一定范围内存在触电危险。

② 充油电气设备如变压器等受热后可能会喷油甚至爆炸，造成火灾蔓延且危及救火人员的安全。所以，扑救电气火灾必须根据现场火灾情况，采取适当的方法，以保证灭火人员的安全。

（2）断电灭火。

电气设备发生火灾或引燃周围可燃物时，首先应设法切断电源，同时，必须注意以下事项。

① 处于火灾区的电气设备因受潮或烟熏，绝缘能力降低，所以拉开关断电时，要使用绝缘工具。

② 剪断电线时，对于不同的相线，电线应错位剪断，防止线路发生短路。

③ 应在电源侧的电线支持点附近剪断电线，防止电线剪断后跌落在地上，造成电击或短路。

④ 如果火势已威胁邻近电气设备时，应迅速拉开相应的开关。

⑤ 夜间发生电气火灾，切断电源时，要考虑临时照明问题，以利扑救。如果需要供电部门切断电源，则应及时联系。

（3）带电灭火。

为了争取灭火时间，防止火灾扩大，来不及断电；或因需要或其他原因，不能断电，则需要带电灭火。当无法及时切断电源，而需要带电灭火时，要注意以下几点。

① 应选用不导电的灭火器材灭火，如干粉、二氧化碳、1211灭火器等，不得使用泡沫灭火器带电灭火。

② 要保持人以及所使用的导电消防器材与带电体之间有足够的安全距离，扑救人员

应戴绝缘手套和穿绝缘靴或穿均压服操作。

③ 对架空线路等空中设备进行灭火时,人与带电体之间的仰角不应超过45°,而且应站在线路外侧,防止电线断落后触及人体,如带电体已断落地面,应画出一定警戒区,以防跨步电压伤人。

④ 用水枪灭火时宜采用喷雾水枪,这种水枪通过水柱的泄漏电流较小,带电灭火比较安全;用普通直流水枪灭火时,为防止通过水柱的泄漏电流通过人体,可以将水枪喷嘴接地。

⑤ 人体与带电体之间要保持必要的安全距离。用水灭火时,水枪喷嘴至带电体的距离:电压110 kV 及以下者不应小于3 m;220 kV 及以上者不应小于5 m;用二氧化碳等不导电的灭火器时,机体、喷嘴至带电体的最小距离:电压10 kV 者不应小于0.4 m;36 kV 者不应小于0.6 m。

⑥ 充油电气设备灭火。

A. 充油设备着火时,应立即切断电源,当外部局部着火时,可用二氧化碳、1211、干粉等灭火器材灭火。

B. 如设备内部着火,且火势较大,切断电源后可用水灭火,有事故储油池的应设法将油放入池中,再行扑救。

1.7 电动工具的安全使用

1. 手持电动工具易发生触电事故的原因

(1) 手持电动工具是在人的紧握之下运行的,人与工具之间的电阻小。一旦工具外露部分带电,将有较大的电流通过人体,容易造成严重后果。

(2) 手持电动工具是在人的紧握之下运行的,一旦触电,由于肌肉收缩而难以摆脱带电体,容易造成严重后果。

(3) 手持电动工具有很大的移动性,其电源线容易受拉、磨而漏电,电源线连接处容易脱落而使金属外壳带电,导致触电事故。

(4) 手持电动工具有很大的移动性,运行时振动大,而且可能在恶劣的条件下运行,容易损坏而使金属外壳带电导致触电事故。

(5) 小型手持电动工具采用220 V 单相交流电源,由一条相线和一条工作零线供电。如错误地将相线接在金属外壳上或错误地将保护零线(PE线)与工作零钱(N线)接在一起又有零线断路,均会造成金属外壳带电,导致触电事故。

2. 手持电动工具的安全使用

在使用前后,管理人员必须进行日常检查,使用者在使用前应进行检查。日常检查的内容有:外壳、手柄有无破损裂纹,机械防护装置是否完好,工具转动部分是否灵活、轻快无阻,电气保护装置是否良好,保护线连接是否正确可靠,电源开关是否正常灵活,电源插头和电源线是否完好无损。发现问题应立即修复或更换。

（1）外观检查包括以下几点。

① 外壳、手柄有无裂缝和破损，紧固件是否齐全有效。

② 软电缆或软电线是否完好无损，保护接零（地）是否正确、牢固，插头是否完好无损。

③ 开关动作是否正常、灵活、完好。

④ 电气保护装置和机械保护装置是否完好。

⑤ 工具转动部分是否灵活无障碍，卡头是否牢固。

（2）电气检查包括以下几点。

① 通电后反应正常，开关控制有效。

② 通电后外壳经试电笔检查应不漏电。

③ 信号指示正确，自动控制作用正常。

④ 对于旋转工具，通电后观察电刷火花和声音应正常。

（3）手持电动工具在使用场所应加装单独的电源开关和保护装置。其电源线必须采用铜芯多股橡胶套软电缆或聚氯乙烯护套电缆；电缆应避开热源，且不能拖拉在地。

（4）电源开关或插销应完好，严禁将导线线芯直接插入插座或挂钩在开关上。特别要防止将火线与零线对调。

（5）操作手电钻或电锤等旋转工具，不得戴线手套，更不可用手握持工具的转动部分或电线，使用过程中要防止电线被转动部分绞缠。

（6）手持式电动工具使用完毕，必须在电源箱将电源切断。

（7）在高空使用手持式电动工具时，下面应设专人扶梯，且在发生电击时可迅速切断电源。

1.8 静电的危害及消除静电危害的措施

1. 静电的危害

静电是由不同物质的接触、分离或相互摩擦而产生的。静电的危害很多，它的第一种危害来源于带电体的互相作用。静电的第二种危害是因静电火花点燃某些易燃物体而发生爆炸。在印刷厂里，纸页之间的静电会使纸页黏合在一起，难以分开，给印刷带来麻烦；在制药厂里，由于静电吸引尘埃，会使药品达不到标准的纯度；在手术台上，静电火花会引起麻醉剂的爆炸，伤害医生和病人；在煤矿，则会引起瓦斯爆炸，会导致工人死伤，矿井报废。我国近年来在石化企业曾发生多起较大的静电事故，其中损失达百万元以上的有数起；在电子产品生产线上，静电产生的高压，会使电子元器件，特别是 COM 半导体器件和 SMT 元器件的绝缘层被击穿。静电也会造成元器件的潜在性损伤。

2. 消除静电危害的措施

静电危害的防止措施主要有减少静电的产生、设法消除静电和防止静电放电等。其方法有接地法、中和法和防止人体带静电等。

（1）接地。

接地是消除静电最简单、最基本的方法，它可以迅速地消除静电。

（2）中和静电。

绝缘体上的静电不能用接地的方法来消除，但可以利用极性相反的电荷来中和，目前"中和静电"的方法是采用感应式消电器。

（3）人体防静电。

人在行走及穿、脱衣服或座椅上起立时，都会产生静电，这也是一种危险的火花源，经试验，其能量足以引燃石油类蒸发出的气体。因此，在易燃的环境中，最好不要穿化纤类衣物，在放有危险性很大的炸药、氢气、乙炔等物质的场所，应穿用导电纤维制成的防静电工作服和导电橡胶做成的防静电鞋。另外，如何消除人身体静电，下面的方法简单易行。

① 洒水。室内空气湿度低于30%时，有利于摩擦产生静电，若将湿度提高到45%，静电就很难产生了。可使用加湿器，也可放置一两盆清水，或摆放花草。

② 湿梳。将梳子在水中浸泡一下，就不会产生静电，可随意梳理了。

③ 赤足。赤足有利于体表积聚的静电释放。

④ 喷雾。带一小喷壶的水，随时喷一下。

⑤ 摸墙。脱衣服前，用手摸一下墙壁，摸水龙头之前也用手摸一下墙，可将体内的静电"放"出去。尽量不穿化纤类衣物，勤洗澡、勤换衣服。

⑥ 钥匙。碰铁门时，先用手抓紧你的钥匙（通常这不会遭静电干扰），然后，用一个钥匙的尖端去接触铁门，这样，身上的静电就会被放掉，而且不会遭静电干扰。

⑦ 下车。下车时也常发生静电干扰现象，主要由于下车时身体与座位摩擦产生静电积累。下车时，即在身体与座位摩擦时，提前手扶金属的车门框，可随时把身上的静电排掉，不至于下车时突然手碰铁门时放电。

⑧ 防静电环腕带。在电子产品自动化生产线上，操作人员必须佩戴防静电环腕带，保证腕带良好接地，通过防静电环腕带来消除人体静电。

⑨ 防静电设备。通过布设防静电设备来消除人体静电。

思考题

1. 电气安全图形标志主要有哪几种？
2. 消除静电的措施有哪些？
3. 怎样进行触电急救？
4. 如何进行安全操作？
5. 我国规定工频有效值的额定值安全电压有哪五个等级？

第 2 章　常用电子元器件的识别

2.1　电　阻　器

2.1.1　电阻器的基础知识

（1）电流通过导体时，导体对电流的阻力称为电阻；具有一定电阻值的电路元件称为电阻器。它的主要作用是：稳定和调节电路中的电流和电压，作为分流器和分压器，以及作为消耗电能的负载电阻等。

（2）电阻的单位。电阻的单位有欧姆（Ω）、千欧（kΩ）、兆欧（MΩ）、吉欧（GΩ）、太欧（TΩ），它们之间的关系是：$1\,T\Omega = 1\,000\,G\Omega$，$1\,G\Omega = 1\,000\,M\Omega$，$1\,M\Omega = 1\,000\,k\Omega$，$1\,k\Omega = 1\,000\,\Omega$。

（3）电阻器由电阻体、绝缘体（骨架）、引线和保护层四个部分组成。

2.1.2　电阻器和电位器的型号命名方法

（1）电阻器和电位器的型号由以下五部分组成。

第一部分：用字母表示产品主称。
第二部分：用字母表示产品材料。
第三部分：一般用阿拉伯数字表示分类，个别类型用字母表示。
第四部分：用数字表示序号。
第五部分：用大写字母表示区别代号。区别代号是当电阻器（电位器）的主称、材料特征相同，而尺寸、性能指标有差别时，在序号后用 A、B、C、D 等字母予以区别。

（2）电阻器和电位器的型号命名法，如表 2.1 所示。

2.1.3　电阻器的种类、结构特点及用途

（1）电阻器的种类很多，按其材料和结构可分为：碳膜电阻（RT）、薄膜［金属膜（RJ）、金属氧化膜］电阻和线绕电阻（RX）。还可分为固定电阻、可变电阻和电位器。还有敏感型电阻（热敏、光敏、压敏、磁敏、力敏、湿敏、气敏电阻等）。

（2）电阻器种类、结构特点及用途，如表 2.2 所示。

2.1.4　常用电阻器的图形符号

常用电阻器的图形符号如表 2.3 所示。

表 2.1 电阻器和电位器的型号命名法

第一部分		第二部分		第三部分		第四部分
用字母表示主称		用字母表示材料		用数字或字母表示特征		用数字表示序号
符号	意义	符号	意义	符号	意义	
R W	电阻器 电位器	T P U H I J Y S N X R G M	碳膜 硼碳膜 硅碳膜 合成膜 玻璃釉膜 金属膜（箔） 金属氧化膜 有机实芯 无机实芯 线绕 热敏 光敏 压敏	1、2 3 4 5 6 7 8 9 G T X L W D	普通 超高频 高阻 高温 — 精密 高压（电阻器） 特殊函数（电位器） 高功率 可调 小型 测量用 微调 多圈	包括：额定功率、阻值、允许偏差

表 2.2 电阻器种类、结构特点及用途

种类			特点	用途
固定电阻器	非线绕	膜式	体积小，阻值范围宽	频率较高的电路
		实芯	过载能力强，可靠性高，稳定性和电性能差	要求不高的电路
	线绕		功率大，精度高，体积大	频率较低的电路
	敏感（半导体）		电特性对热、光、磁、机械力、湿、压等敏感	检测相应物理量的探测器、无触点开关
可变电阻器			阻值可在一定范围调节	需调节电参数的电路

表 2.3 常用电阻器的图形符号

图形符号	名称	图形符号	名称	图形符号	名称
	固定电阻		压敏电阻		1/2 W 电阻
	有抽头的固定电阻		直热式热敏电阻		1 W 电阻
	变阻器（可调电阻）		旁热式热敏电阻		2 W 电阻
	微调变阻器		光敏电阻		5 W 电阻
	电位器		1/8 W 电阻		10 W 电阻
	微调电位器		1/4 W 电阻	20 W	20 W 电阻

2.1.5 电阻器的主要参数及标志方法

电阻器的主要参数有标称值、允许偏差、功率、极限电压等。

1. 标称值和允许偏差

常用电阻器和电容器（云母、瓷片、涤纶等）的标称值系列与允许偏差系列如表2.4所示。电阻值（或电容器）的标称值是表中系列数字乘以10^n，其中n为正、负整数或零。

表2.4 常用电阻器和电容器的标称值系列与允许偏差系列　　（单位：$\Omega/\mu F$）

误差等级	Ⅰ	Ⅱ	Ⅲ	误差等级	Ⅰ	Ⅱ	Ⅲ
允许偏差	±5%	±10%	±20%	允许偏差	±5%	±10%	±20%
标称值系列	1.0	1.0	1.0	标称值系列	3.3	3.3	3.3
	1.1				3.6		
	1.2	1.2			3.9	3.9	
	1.3				4.3		
	1.5	1.5	1.5		4.7	4.7	4.7
	1.6				5.1		
	1.8	1.8			5.6	5.6	
	2.0				6.2		
	2.2	2.2	2.2		6.8	6.8	6.8
	2.4				7.5		
	2.7	2.7			8.2	8.2	
	3.0				9.1		

2. 电阻器参数的标志方法及注意事项

电阻器常用四种标志方法来标注其参数。

（1）直接标志法。

直接标志法是直接用阿拉伯数字和单位在产品（电阻）上标出其主要参数的标志方法。

电阻有多项指标，但由于电阻体表面积有限，一般只标明标称阻值、允许偏差、额定功率等几项参数。

对于不到1000Ω的阻值只标阻值，不注单位，对kΩ、MΩ只注k、M。精度等级只标Ⅰ或Ⅱ，对Ⅲ级精度不标明。

（2）色环（或色点）标志法。

色环标志法是用颜色表示电阻（电容、电感）的各种参数值，直接标志在产品上。

各色环（或色点）所代表的数字大小如表2.5和图2.1所示。

表2.5 四、五、六色环编码

英文	颜色	有效数字	有效数字	有效数字	倍乘	允许偏差		字母	数字	温度系数
BLACK	黑色	0	0	0	10^0					
BROWN	棕色	1	1	1	10^1	±1%	五色	F		100 PPM
RED	红色	2	2	2	10^2	±2%		G		50 PPM
ORANGE	橙色	3	3	3	10^3					15 PPM
YELLOW	黄色	4	4	4	10^4					25 PPM
GREEN	绿色	5	5	5	10^5	±0.5%	六色	D		10 PPM
BLUE	蓝色	6	6	6	10^6	±0.25%		C		
VIOLET	紫色	7	7	7	10^7	±0.1%		B		
GRAY	灰色	8	8	8	10^8					
WHITE	白色	9	9	9	10^9					1 PPM
GOLD	金色				10^{-1}	±5%	四色	J	I	
SILVER	银色				10^{-2}	±10%		K	II	
	本色					±20%	三色	M	III	

注:"PPM"为百万分之一;"本色"为电阻表面的底色。

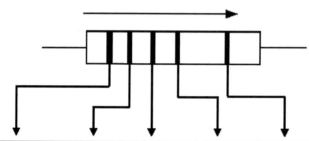

颜色	第一位有效数字	第二位有效数字	第三位有效数字	倍乘	允许偏差	字母	罗马数字
黑色	0	0	0	10^0			
棕色	1	1	1	10^1	±1%	F	
红色	2	2	2	10^2	±2%	G	
橙色	3	3	3	10^3			
黄色	4	4	4	10^4			
绿色	5	5	5	10^5	±0.5%	D	
蓝色	6	6	6	10^6	±0.25%	C	
紫色	7	7	7	10^7	±0.1%	B	
灰色	8	8	8	10^8			
白色	9	9	9	10^9			
金色				10^{-1}	±5%	J	I
银色				10^{-2}	±10%	K	II
本色					±20%	M	III

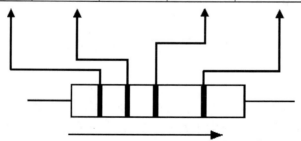

图2.1 四、五色环编码示意

① 三色环（或三色点）标志。对体积很小和一些合成电阻器，其阻值和误差常以色环（或色点）表示。在靠近电阻器的一端从左到右有三道色环（或三个色点），第一和第二道色环（或色点）分别表示电阻值的第一和第二位有效数字，第三道色环（或色点）表示再乘以 10^n，如图 2.2 所示。

阻值为 $25 \times 10^3 \, \Omega \pm 20\% = 25\,000 \, \Omega \pm 20\%$。

在工艺文件上的参数书写方法：电阻器 – RT – 0.125 – 25 kΩ – ±20%。

② 四色环标志。靠近电阻器的一端从左到右标有四道色环：第一、第二和第三道色环的含义与三色环标志相同，第四道色环表示阻值的允许误差，如图 2.3 所示。

阻值为 $46 \times 10^5 \, \Omega \pm 5\% = 4\,600\,000 \, \Omega \pm 5\%$。

在工艺文件上的参数书写方法：电阻器 – RT – 0.25 – 4.6 MΩ – ±5%。

③ 五色环标志。五道色环中，第一、二、三道色环表示阻值的三位数字，第四道色环表示三位数字再乘以 10 的 n 次方，n 的大小是第四道色环所代表的数字，第五道色环表示阻值的允许误差，如图 2.4 所示。

阻值为 $510 \times 10^3 \, \Omega \pm 10\% = 510\,000 \, \Omega \pm 10\%$。

在工艺文件上的参数书写方法：电阻器 – RT – 0.125 – 510 kΩ – ±10%。

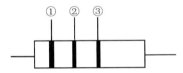

①——红色是 2，②——绿色是 5，③——橙色是 10^3，本色是误差 ±20%。

图 2.2　三色环电阻

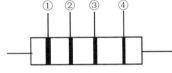

①——黄色是 4，②——蓝色是 6，③——绿色是 10^5，④——金色是误差 ±5%。

图 2.3　四色环电阻

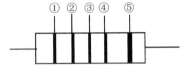

①——绿色是 5，②——棕色是 1，③——黑色是 0，④——橙色是 3，⑤——银色是 ±10%。

图 2.4　五色环电阻

（3）文字符号法。

将需要标志的主要参数与技术性能用文字、数字符号有规律地组合标志在产品的表面上。

采用文字符号法时，将容量的整数部分写在容量单位标志符号前面，小数部分放在单位符号后面。例如，3.3 pF 标志为 3p3，1000 pF 标志为 1n，6800 pF、±5% 标志为 6n8J，2.2 μF 标志为 2μ2，1k2J 标志为阻值 1.2 kΩ、允许偏差 ±5%。

一般常用字母来表示偏差，允许偏差的文字符号表示如表 2.6 所示。

表 2.6　允许偏差的文字符号表示

字母	W	B	C	D	F	G	J
偏差/%	±0.05	±0.1	±0.2	±0.5	±1	±2	±5
字母	K	M	N	R	S	Z	K
偏差/%	±10	±20	±30	+100 −10	+50 −20	+80 −20	±10

（4）数字标志法（数码法）。

数字标志法是用三位阿拉伯数字表示电阻的标称阻值。体积较小的电容器常用数字标志法。

一般用三位整数,第一位、第二位为有效数字,第三位表示倍乘,即 10^n,其代表零的个数,单位为欧姆（Ω）,但是当第三位数是 9 时表示 10^{-1}。例如,"103"表示 $10 \times 10^3\ \Omega$,即 1 k,"479"表示 $47 \times 10^{-1}\ \Omega$,即 4.7 Ω。

（5）电阻标志法的注意事项如下。

① 色标法主要适用于小功率电阻,特别是 0.5 W 以下的碳膜和金属膜电阻较普遍。

② 三色环电阻其允许偏差为 ±20%,一般用"本色"表示。

③ 温度系数的色带宽度是其他色带宽度的 1.5～2 倍,并且其色带为间断带。

④ 在数字标志法中当第三位有效数字是"9"时,表示其倍率为 0.1,即 10^{-1}。

⑤ 电阻的允许偏差"+20、-10"一般用序号"Ⅳ"表示;"+30、-20"用序号"Ⅴ"表示;"+50、-20"用序号"Ⅵ（S）"表示;"+80、-20"一般用字母"Z"表示;"+100、0"一般用字母"H"表示。

3. 电阻器的额定功率

电阻器的额定功率系列（W）共分 19 个等级,如表 2.7 所示。

表 2.7 电阻器的额定功率系列　　　　　　　　　　　　（单位：W）

0.05	0.125	0.25	0.5	1	2	4	5	8	10	16
25	40	50	75	100	150	250	500			

电位器还有 0.025 W、0.1 W、1.6 W、3 W、63 W 系列值。选取电阻时额定功率应高于实际功率的 1.5～2 倍。

4. 极限电压

电阻两端电压加高到一定值时,电阻会发生电击穿使其损坏,这个电压值就是电阻的极限电压。它受电阻尺寸及工艺结构限制,一般 0.25 W 极限电压是 250 V,0.5 W 极限电压是 500 V,2 W 的极限电压是 750 V。

2.1.6 珐琅电阻

1. 珐琅电阻的概念

珐琅电阻是固定电阻器的一种,是用优质合金电阻丝绕制后其外表烧结一层珐琅釉粉而制成的功率型电阻器。该电阻器耐高温,防潮性能好,可广泛应用于各种电气设备和电子仪器的直流或交流电路中作降压、分压、分流或负载电阻用。

2. 珐琅电阻的规格

（1）功率范围：10～500 W。

（2）阻值≤5 Ω,精度 ±10%；阻值 >5 Ω,精度 ±5%。

3. 珐琅电阻的特点

珐琅电阻功率范围宽、耐腐蚀、耐高温,可在恶劣环境中使用；耐潮湿、绝缘度高、过负荷能力强,热稳定性好,使用寿命长。

4. 珐琅电阻的作用

珐琅电阻耐高温,防潮性能好,可广泛应用于各种电气设备和电子仪器的直流或低频交流电路中作降压、分压、分流或负载电阻用。

5. 珐琅电阻的优缺点

(1) 优点:经过高温烧结工艺,珐琅电阻具有很高的热稳定性,可耐高温,而较厚的膜层也使其具备良好的防潮性能。

(2) 缺点:存在热噪声及电流噪声。

2.1.7 电位器

电位器是一种具有三个接头的可变电阻器,常用的有 WTX 型小型碳膜电位器、WTH 型合成碳膜电位器、WI 合成玻璃釉电位器、WS 型有机实芯电位器、WX 型线绕电位器、WHD 型多圈合成膜电位器。

根据不同用途,薄膜电位器按转轴旋转角度与实际阻值间的变化关系,可以分为直线式、指数式和对数式三种。电位器可以带开关,也可以不带开关。

电位器的标志方法一般采用直标法。电位器主要参数有标称值、允许偏差和额定功率等。例如,电位器 470 kΩ、1 W 单联合成膜,在工艺文件上的书写方法:电位器 – WT – 1 – 0.1 – 470 kΩ – X – 60 S – 3。

2.1.8 敏感电阻

(1) 光敏电阻是根据半导体的光电效应制成的,其电阻率对某段波长的光照度变化敏感,在一定条件下电阻率与光照呈线性关系。光敏电阻在无光时具有的电阻称为暗电阻,其阻值在 1.5 MΩ 以上。光敏电阻在有光时的电阻称为亮电阻,其阻值在数千欧姆。暗电阻与亮电阻两者之间相差很大,光敏电阻应用较为广泛。

(2) 负温度系数的热敏电阻,其阻值随着温度的升高而减小。一般用于温度检测以及为了电路稳定而起补偿作用。正温度系数热敏电阻,其阻值随着温度的升高而成倍增加。

2.1.9 集成电阻

随着电子技术的发展,电子装配趋于密集化,元器件趋于集成化,电路中常需要一些电阻网络,在电路中使用分立件,不仅工作量大,而且往往难以达到技术要求,而使用具备高精度、高稳定度、低噪声、温度系数小、高频特性好的集成电阻则可以满足要求。集成电阻的范围为 51 Ω～33 kΩ,型号 RYW,如图 2.5 所示。

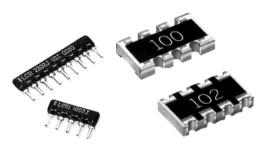

图 2.5 集成电阻

2.1.10 实物电阻器、电位器

不同种类的电阻器、电位器，如图 2.6～图 2.9 所示。

图 2.6 不同封装的电位器

(a) 大功率电阻　　(b) 变阻器　　(c) 功率电阻

(d) 铝壳电阻　　(e) 水泥电阻　　(f) 线绕陶瓷电阻

(g) 珐琅电阻　　(h) 铜热电阻

图 2.7 大功率电阻器

第 2 章 常用电子元器件的识别

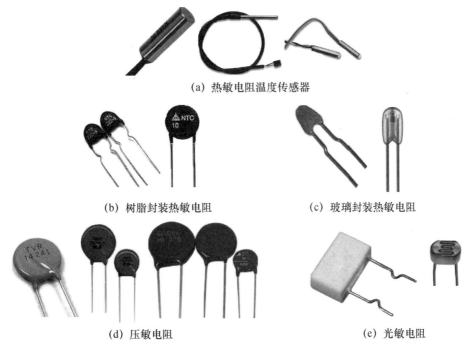

(a) 热敏电阻温度传感器

(b) 树脂封装热敏电阻　　　　(c) 玻璃封装热敏电阻

(d) 压敏电阻　　　　(e) 光敏电阻

图 2.8 热敏电阻、光敏电阻和压敏电阻

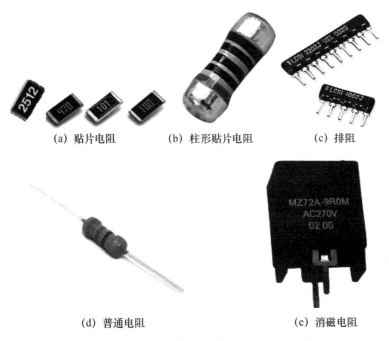

(a) 贴片电阻　　(b) 柱形贴片电阻　　(c) 排阻

(d) 普通电阻　　　　(e) 消磁电阻

图 2.9 贴片电阻、排阻、普通电阻和消磁电阻

2.2 电容器

2.2.1 电容器的基础知识

电容器的命名一般由以下四部分组成。
第一部分：主称，一般用字母 C 表示。
第二部分：材料，一般用字母表示。
第三部分：特性分类，一般用一个数字或一个字母表示。
第四部分：序号，用数字表示。

（1）电容器是由两个相互靠近的导体与中间所夹一层不导电的绝缘介质构成的。它具有储存电荷的能力，能把电能转换成电场能储存起来。在电路中用于调谐、滤波、隔直、耦合、旁路。

（2）电容器的单位。电容器的基本单位是法拉（F），常用单位有微法（μF）、皮法（pF）、纳法（nF）、毫法（mF）。它们之间的关系是：1 F = 1000 mF，1 mF = 1000 μF，1 μF = 1000 nF，1 nF = 1000 pF。

最常用的两个单位是 μF 和 pF，一般情况下，够 10 000 pF 就化成 μF 单位，如 10 000 pF = 0.01 μF。

（3）电容器的型号命名法，如表 2.8 所示。

表 2.8 电容器的型号命名法

第一部分		第二部分		第三部分		第四部分
用字母表示主称		用字母表示材料		用字母表示特征		用字母或数字表示序号
符号		符号	意义	符号	意义	意义
C	电容器	C	瓷介	T	铁电	包括品种尺寸代号、温度特性、直流工作电压、标称值、允许偏差标准代号
		I	玻璃釉	W	微调	
		O	玻璃膜	J	金属化	
		Y	云母	X	小型	
		V	云母纸	S	独石	
		Z	纸介	D	低压	
		J	金属化纸	M	密封	
		B	聚苯乙烯	Y	高压	
		F	聚四氟乙烯	C	穿心式	
		L	涤纶（聚酯）			

2.2.2 常用电容器的图形符号

常用电容器的图形符号，如表 2.9 所示。

表 2.9　常用电容器的图形符号

名称	电容器	电解电容器	穿心电容器	可变电容器	同调可变电容器	微调电容器
图形符号	⊣⊢	⊣⁺⊢	─■─	⊅⊅	⊅⊅⊅	⊅⊅

2.2.3　电容器的主要参数及标志方法

1. 电容器的主要参数

电容器的主要参数有标称容量、允许误差和工作电压，通常都标注在电容器上，如图 2.10 所示。

（1）标称容量。

标称容量是指电容器外壳上标出的容量。

（2）允许偏差。

允许偏差是标称容量与实际容量之间偏差的百分数，其分为五个等级：00（±1%）、0 级（±2%）、Ⅰ级（±5%）、Ⅱ级（±10%）、Ⅲ级（±20%）。

图 2.10　电容器标称容量、允许误差和工作电压

（3）电容器的工作电压。

① 工作电压是指在规定温度范围下，电容器正常工作时能承受的最大直流电压。在短时间内使电容击穿的电压是击穿电压。

② 固定式电容器的耐压系列值有 1.6、4、6.3、10、16、25、32*、40、50、63、100、125*、160、250、300*、400、450*、500、1000（V）等（注意：带*号者只限于电解电容器使用）。

③ 耐压值一般直接标在电容器上，但有些电解电容器在正极根部用色点来表示耐压等级，如 6.3 V 用棕色、10 V 用红色、16 V 用灰色。

④ 电容器在使用时不允许超过这个耐压值，若超过此值，电容器就可能损坏或被击穿，甚至爆裂。

⑤ 国外电容器耐压的表示，采用直接标志法或用数字和字母的组合来标志，数字和字母的组合的标志值如表 2.10 所示。

⑥ 铝电解电容器的标准容量与额定直流工作电压系列，如表 2.11 所示。

表 2.10　国外电容器耐压的表示

项目	▲A	B	C	D	E	F	G	●H	J
0	1	1.25	1.6	2	2.5	3.15	4.0	4.0	6.3
●1	10	12.5	16	20	25	31.5	40	50●	63
▲2	100▲	125	160	200	250	315	400	500	630

注：▲2 A = 100，▲即耐压是 100 V；●1 H = 50，●即耐压是 50 V。

表 2.11 铝电解电容器的标准容量与额定直流工作电压系列

标准容量系列/μF	1、2、5、10、20、50、100、200、500、1000、2000、5000
额定直流工作电压系列/V	3、6、10、15、25、50、70、150、250、300、350、450

2. 电容器的标志方法

电容器的标志方法主要有直接标志法、数字标志法、色环标志法（色标法）等。

(1) 直接标志法。

在电容器上直接印上该电容的标称容量、允许偏差及工作电压，如图 2.10 所示。

(2) 数字标志法。

数字标志法是用三位阿拉伯数字表示电容的标称容值，单位是 pF。一般用三位整数，第一位、第二位为有效数字，第三位表示倍乘（倍乘指的是乘以 10 的 n 次方，n 为第三位有效数字，即 10^n，其代表零的个数，单位为皮法 pF）。但是当第三位数是 9 时表示 10^{-1}。例如，"243" 表示容量为 24×10^3，即 24 000 pF，而 "339" 表示容量为 33×10^{-1} pF，即 3.3 pF。

(3) 色环标志法。

色环标志法是用颜色表示电容的各种参数值，直接用色环或色条标志在产品上。

3. 国产电容器和国外电容器的参数标注

(1) 国产电容器。

国产电容器标称容量 [1 F（法拉）= 10^6 μF（微法）= 10^{12} pF（皮法）]、允许偏差直接标注在成品电容器上。例如，0.01/5/50 表示容量为 0.01 μF、误差为 ±5%、耐压为 50 V。

(2) 国外电容器。

国外电容器容量、允许偏差、耐压的标注一般采用字母标志法、数字标志法和色环标志法等，如图 2.11 所示。

① 字母标志法。1 n = 10^3 pF、1 M = 10^6 pF = 1 μF、1 G = 10^9 pF = 1000 μF，有时不用小数点，单位前面是整数，后面是小数。例如，4 n7 = 4.7 n = 4700 pF，1 p5 = 1.5 pF，1 M5 = 1.5 M = 1.5 μF。

图 2.11（a）中，电容参数为 0.01 μF-100 V-±5%；图 2.11（b）中，电容参数为 0.1 μF-±10%；图 2.11（c）中，电容参数为 0.2 μF-50 V-±5%。

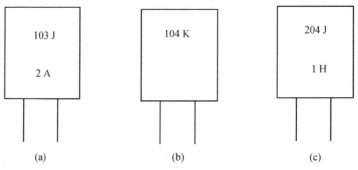

图 2.11 国外电容器的标志

1 H 代表电容耐压 50 V，2 A 代表电容耐压 100 V，如表 2.10 中▲、●所示。

② 数字标志法。第一、二位数字为有效数，第三位数为倍乘（零的个数），第四位（字母）为允许偏差。例如，$103 = 10 \times 10^3 = 10\,000$ pF $= 0.01$ μF，在工艺文件上的参数书写方法为电容器 – CC – 50 V – 0.01 μF – ±20%；473 K $= 47 \times 10^3$ pF $= 0.047$ μF ±10%，在工艺文件上的参数书写方法为电容器 – CC – 50 V – 473 ±10%。

尾数误差等级：$D = \pm 0.5\%$、$F = \pm 1\%$、$G = \pm 2\%$、$J = \pm 5\%$、$K = \pm 10\%$、$M = \pm 20\%$，6 个误差等级。

一般瓷片电容耐压低于 50 V，误差为 Ⅲ 级，实际中不标出。

误差一般由字母表示，字母所表示的误差大小如表 2.12 所示。

表 2.12　字母所表示的误差大小

字母	G	J	K	L	M
误差/%	±2	±5	±10	±15	±20

（3）色环标志法。如图 2.12 所示。

顺引线方向，第一、第二色环表示容量值的有效数字，即黑、棕、红、橙、黄、绿、蓝、紫、灰、白所代表的 10 个数字；第三色环表示倍乘，其代表零的个数，单位 pF。与电阻的色标法基本相同。例如，47×10^3 pF $= 0.047$ μF，色环为黄、紫、橙，如图 2.12（a）所示，为单向色环电容器；图 2.12（b）和图 2.12（c）是轴向色环电容器图示；图 2.12（d）是实物色环电容器。

以上是电容器标称值和允许偏差表示方法，已广泛应用，除色环标志法以外，我国生产的电容的标称容量和允许偏差已趋于国际化。

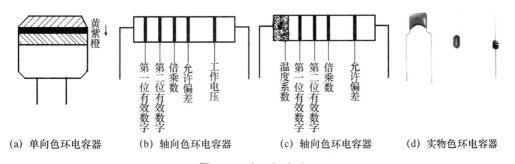

(a) 单向色环电容器　　(b) 轴向色环电容器　　(c) 轴向色环电容器　　(d) 实物色环电容器

图 2.12　色环标志法

注意：一般当电容量在 $1 \sim 10^5$ pF 之间时，读为 pF；当容量大于 10^5 pF 时，读为 μF；用大于 1 的 3 位数字表示，容量为 pF；用小于 1 的数字表示，单位是 μF。

4. 实物电容器

常用的各种实物电容器，如图 2.13 所示。

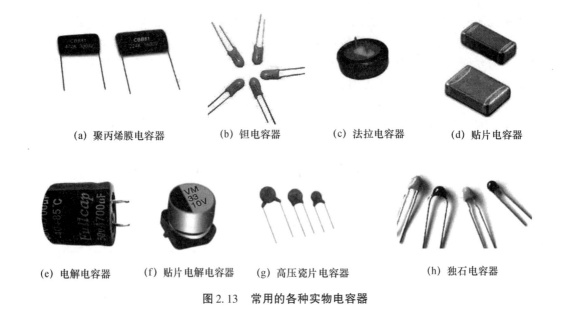

(a) 聚丙烯膜电容器　　(b) 钽电容器　　(c) 法拉电容器　　(d) 贴片电容器

(e) 电解电容器　(f) 贴片电解电容器　(g) 高压瓷片电容器　(h) 独石电容器

图 2.13　常用的各种实物电容器

2.3　电感线圈、变压器

2.3.1　电感线圈

1. 电感线圈的基本知识

凡能产生电感作用的元件统称为电感器，用绝缘导线制成各种线圈也称为电感。电感是一种储磁能的元件，具有阻碍交流电通过的特点。

（1）电感线圈的型号命名。

国产电感线圈的型号命名由以下四部分组成。

第一部分：主称，用字母表示（L 为线圈、ZL 为阻流线圈）。

第二部分：特征，用字母表示（G 为高频）。

第三部分：形式，用字母表示（X 为小型）。

第四部分：区别代号，用字母 A、B、C 等表示。

（2）电感量的单位。

线圈自感的大小称为电感量，可用字母 L 表示，单位为亨利（H）、毫亨（mH）、微亨（μH），它们之间的关系是：1 H = 1000 mH = 1 000 000 μH。

实践证明，线圈的圈数越多，线径越大，电感量就越大；反之电感量就越小。当线圈中装有磁芯或铁芯时，该线圈的电感量将大大增加。

（3）电感线圈的分类。

电感线圈的种类很多，分类方法各不相同。

① 按电感线圈的线芯分类，可分为空心电感线圈、磁芯电感线圈、铁芯电感线圈和铜芯电感线圈。

② 按安装的形式分类，可分为立式电感线圈、卧式电感线圈。
③ 按工作频率分类，可分为高频电感线圈、中频电感线圈、低频电感线圈。
④ 按用途分类，可分为电源滤波线圈、高频滤波线圈、高频阻流线圈、低频阻流线圈、行偏转线圈、场偏转线圈、行振荡线圈、行线性校正线圈、本机振荡线圈、高频振荡线圈。
⑤ 按电感量是否可调分类，可分为固定电感线圈、可变电感线圈、微调电感线圈。
⑥ 按绕制方式及其结构分类，可分为单层、多层、蜂房式、有骨架式和无骨架式电感线圈。

2. 电感线圈的基本线圈参数

电感线圈和电阻、电容一样，是在电路中大量使用的重要元件之一。但电阻器、电容器是标准元件，而电感器除少数采用成品外，如 LG 小型固定电感器通常为非标准元件，需要根据电路要求自行设计。

（1）电感量及其精度。

电感量是表示电感线圈的电感数字大小的量。线圈的实际电感和标称电感量之间的偏差为电感的误差。小型电感器的电感量标称方法有色标法（与色环电阻一样，也称为色环电感）和直标法。

小型固体电感器如图 2.14 所示，电感量 330 mH、电流 700 mA、误差 ± 10%。

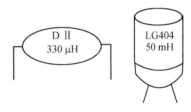

图 2.14　小型固体电感器

（2）线圈和稳定性。

稳定性表示线圈参数随外界条件变化而改变的程度，通常用电感温度系数和不稳定系数两个量来衡量，它们越大，表示稳定性越差。

（3）品质因数。

电感线圈中储存能量与消耗能量的比值称为品质因数，又称为 Q 值线圈的品质因数，Q 为：

$$Q = \omega L/R$$

式中　ω——工作频率；
　　　L——线圈的电感量；
　　　R——线圈的损耗电阻。

（4）额定电流。

额定电流是指在规定的温度下，线圈正常工作时所能承受的最大电流值。对于阻流线圈、电源滤波线圈和大功率的谐振线圈，这是一个很重要的参数。如国产 LG 型，其单位为 μH、mH；A、B、C、D、E 表示各组最大工作电流，分别为 50 mA、150 mA、300 mA、700 mA、1600 mA 五级。

（5）分布电容。

分布电容是指线圈匝与匝之间形成的电容，即由空气、导线的绝缘层、骨架所形成的电容。这些电容的总和与电感线圈本身电阻构成一个谐振电路，产生一定频率的谐振，降低电感线圈电感量的稳定性，使 Q 值降低，通常应减小分布电容。为减小电感线圈的分布电容，一般都采用了不同的绕制方法，如采用间绕法、蜂房式绕法等。

3. 几种常用电感线圈

(1) 小型固定电感线圈。

小型固定电感线圈通常是用漆包线或丝包线在棒形、"工"字形或"王"字形的磁芯上直接绕制而成。它有密封式和非密封式两种封装形式,又都有立式和卧式两种结构。

小型固定电感线圈具有体积小、重量轻、耐震动、耐冲击、防潮性能好、安装方便等优点,主要用在滤波、振荡、陷波、延迟等电路中。

(2) 单层电感线圈。

单层电感线圈是电路中用得较多的一种,其电感量较小,一般只有几微亨或几十微亨。这种线圈的品质因数一般都比较高,并且多用于高频电路中。

单层电感线圈通常采用密绕法、间绕法、脱胎绕法。密绕法就是将绝缘导线一圈挨一圈地绕在骨架上,此种线圈多数用于天线线圈,收音机的天线线圈用的就是这种单层线圈。间绕法就是每圈与每圈之间有一定的距离,其特点是分布电容小、高频特性好,多用于短波天线。脱胎绕法单层电感线圈实际上就是空心线圈,先将绝缘导线绕在骨架上,然后取出骨架,并按照电感量的要求,适当将线圈拉开距离或改变其形状,使用时将两引线头焊接到电路即可,此种线圈多用于高频头的谐振电路。

(3) 阻流电感线圈。

阻流电感线圈在电路中的作用是阻止交流电流通过,它可分为高频阻流圈和低频阻流圈。高频阻流圈用于阻止高频信号通过,其特点是电感量小,要求损耗和分布电容小;低频阻流圈用于阻止低频信号通过,其特点是电感量比高频阻流圈大得多,多数为几十亨利。低频阻流圈多用于电源滤波电路、音频电路中。

(4) 振荡线圈。

振荡线圈是超外差式收音机中不可缺少的元件。在超外差式收音机中,由振荡线圈与电容组成的振荡电路来完成产生一个比外来信号高 465 kHz 的高频等幅信号。振荡线圈分为中波振荡线圈和短波振荡线圈。

振荡线圈装在金属屏蔽罩内,下面有引出脚,上面有调节孔。磁帽、磁芯都是由铁氧体制成的。线圈绕在磁芯上,再把磁帽安放在磁芯上,磁帽上有螺纹,可在尼龙支架上上下旋动,从而调节线圈的电感量。

2.3.2 变压器

1. 变压器的分类

变压器是一种常用元器件,其种类繁多,大小形状千差万别。

(1) 按变压器的工作频率,可分为高频变压器、中频变压器、低频变压器。

(2) 按变压器的结构与材料,可分为铁芯变压器、固定磁芯变压器、可调磁芯变压器等。

2. 变压器的型号命名方法

(1) 低频变压器的型号命名方法。电源变压器、音频输入变压器和音频输出变压器的型号命名由以下三部分组成。

第一部分：主称，用字母表示。
第二部分：功能，用数字表示，单位为 W。
第三部分：序号，用数字表示。

低频变压器主称字母的含义如表 2.13 所示。

表 2.13 低频变压器主称字母的含义

字母	名称	字母	名称
DB	电源变压器	HB	灯丝变压器
CB	音频输出变压器	SB	音频（定阻式）输出变压器
RB	音频输入变压器	EB	音频（定压式或自耦式）输出变压器
GB	高压变压器		

（2）中周的型号命名方法。中周，即中频变压器，它的型号由以下三部分组成。

第一部分：主称，用几个字母组合表示名称、特征、用途。
第二部分：外形尺寸，用数字表示。
第三部分：序号，用数字表示。"1"表示第一中放电路用中频变压器，"2"表示第二中放电路用中频变压器，"3"表示第三中放电路用中频变压器。

3. 变压器的主要特性参数

变压器的主要参数包括额定功率、变压比、效率、温升、绝缘电阻和抗电强度，以及空载电流、信号传输参数等。

（1）额定功率。额定功率是指在规定的频率和电压下，变压器能长期工作而不超过规定温升的最大输出视在功率，单位为 VA、kVA 或 W、kW。

例如，DB-10-2 其参数为变压比 220 V/7.5 V，功率为 10 W，绝缘电阻 ≥500 MΩ，抗电强度 ≥2000 V。

（2）变压比。变压比 n 是指变压器的初级电压 U_1 与次级电压 U_2 的比值，或初级线圈匝数 N_1 与次级线圈匝数 N_2 的比值，即：

$$n = \frac{U_1}{U_2} = \frac{N_1}{N_2}$$

（3）效率。效率是指在额定负载时变压器的输出功率和输入功率的比值，即：

$$\eta = (P_2/P_1) \times 100\%$$

通常 20 W 以下的变压器的效率是 70%~80%，而 100 W 以上的变压器的效率可达 95% 左右。

（4）绝缘电阻。绝缘电阻是施加在绝缘层上的电压与漏电流的比值，包括绕组之间、绕组与铁芯及外壳之间的绝缘阻值。由于绝缘电阻很大，一般只能用兆欧表（或万用表的 R×10 kΩ 挡）测量其阻值。如果变压器的绝缘电阻过低，在使用中有可能出现机壳带电，甚至将变压器绕组击穿烧毁。

（5）温升。温升是指线圈的温度。当变压器通电工作以后，线圈温度上升到稳定值时，比环境温度升高的数值。

（6）空载电流。变压器初级加额定电压而次级开路，这时的初级电流称为空载电流。

4. 几种常用变压器

（1）电源变压器。电源变压器的主要作用是变换交流电源电压，又分为升压变压器和降压变压器。

（2）音频变压器。音频变压器是工作于音频范围的变压器。推挽功率放大器中的输入变压器和输出变压器都属于音频变压器。有线广播中的线路变压器也是音频变压器。

（3）中周。用在收音机或电视机的中频放大电路中。中周属于可调磁芯变压器，外形与收音机的振荡线圈相似，它由屏蔽外壳、磁帽、尼龙支架、"工"字磁芯、底座等组成。

（4）天线线圈。收音机的天线线圈也称为磁性天线，它是由两个相邻的而又相互独立的一次、二次绕组套在同一磁棒上构成的。

5. 变压器的正确选用

根据不同的应用场合选择不同用途的变压器，选用时应注意变压器的性能参数和结构形式。

在选用电源变压器时，要注意与负载电路相匹配：选用的电源变压器应留有功率余量（其输出功率应略大于负载电路的最大功率），输出电压应与负载电路供电部分的交流输入电压相匹配。

一般来说，电源电路可选用"E"形铁芯电源变压器；若是高保真音频功率放大器的电源电路，则应选用"C"形电源变压器或环形电源变压器。

6. 实物电感线圈、变压器

各种实物电感线圈、变压器，如图 2.15 所示。

图 2.15　各种实物电感线圈、变压器

2.4 半导体器件

2.4.1 晶体二极管

1. 国内半导体器件的命名方法

半导体器件的型号命名由五部分组成，如表 2.14 所示。
第一部分是器件的电极数目，用阿拉伯数字表示。
第二部分是器件的材料和极性，用字母表示。
第三部分是器件的类型，用字母表示。
第四部分是器件的序号，用数字表示。
第五部分是规格号，用字母表示。

表 2.14 半导体器件的型号命名

第一部分		第二部分		第三部分		第四部分	第五部分
用数字表示器件的电极数目		用字母表示器件的材料和极性		用字母表示器件的类型		用数字表示器件的序号	用字母表示规格号
符号	意义	符号	意义	符号	意义	意义	意义
2	二极管	A B C D	N 型，锗材料 P 型，锗材料 N 型，硅材料 P 型，硅材料	P V W C Z L S K	普通管 微波管 稳压管 参量管 整流管 整流堆 隧道管 开关管	用来区别同一类型但不同规格的产品，如序号 1、2、3 等	反映承受反向电压的程度，如规格号为 A、B、C、D 表示承受反向电压依次降低
3	三极管	A B C D E	PNP 型，锗材料 NPN 型，锗材料 PNP 型，硅材料 NPN 型，硅材料 化合物材料	X G D A T CS BT	低频小功率管 高频小功率管 低频大功率管 高频大功率管 可控整流管 场效应器件 半导体特殊器件		

2. 二极管的基本知识

晶体二极管实际上是一个 PN 结，加上电极引线和管壳封装而成的。由于晶体二极管具有单向导电的性能，在电子线路中，用于整流、检波、钳位、限幅、开关、变容等，应用十分广泛。

3. 二极管的分类

二极管的种类很多，按结构不同，可分为点接触型和面接触型两种。点接触型由于接触面小，通过的电流小，其分布电容小，适用于高频电路中使用，多用于高频检波、鉴频、限幅、开关电路或小电流的整流器等。面接触型则相反，由于接触面积较大，通过的电流大，分布电容较大，多用于大功率整流。

二极管按半导体材料不同，可分为锗二极管和硅二极管。

4. 二极管的主要参数

二极管的主要参数有最大反向工作电压、最大整流电流、反向电流、交流电阻、直流电阻、管压降等。

(1) 二极管的最大反向工作电压。

最大反向工作电压反映了PN结的反向击穿特性，加到二极管两端的反向电压不允许超过最大反向工作电压。

(2) 二极管的最大整流电流。

最大整流电流也称为额定整流电流，是二极管长期安全工作所允许通过的最大正向电流。它与PN结的面积和所用的材料有关。一般PN结的面积越大，额定整流的电流越大。

(3) 二极管的反向电流。

二极管未击穿时，反向电流的数值称为反向电流。反向电流越小，二极管的单向导电性越好。

(4) 交流电阻。

二极管的交流电阻又称为动态电阻。它定义为二极管在一定工作点时，电压的变化量与电流的变化量之比。

(5) 直流电阻。

二极管的直流电阻又称为静态电阻。它定义为二极管两端的直流电压与流过二极管的直流电流之比。由于二极管为非线性元件，它的直流电阻与工作点有关。用万用表欧姆挡测得正向或反向电阻在一定工作点下的直流电阻。

(6) 二极管的管压降。

通常锗材料的二极管死区电压为 $0.1 \sim 0.3$ V，硅材料的二极管死区电压为 $0.5 \sim 0.7$ V（硅材料的二极管反向电阻在 $1\ M\Omega$ 以上）。

5. 二极管的使用

晶体二极管的使用寿命长，一般达10万小时以上。但其过载能力差，若使用不当易造成二极管的损坏。必须根据二极管参数与具体电路要求，正确选择二极管。通常二极管最大整流电流 I 也是它的主要参数。

最大整流电流指长期使用时，允许流过二极管的最大正向电流值。如果电流太大，PN结就会因温度高而烧毁。大功率二极管，由于工作电流大，发热厉害，必须装置一定面积的散热片。此外还可以采用风冷、水冷和油冷等措施。由于二极管过载能力差和受温度影响大，选择管子时应留有一定余量。

6. 二极管极性的识别

(1) 根据标志识别。一般印有红色点的或以白色圆环的一端为正极,另一端为负极。
(2) 根据正反向电阻来识别二极管的极性。

2.4.2 晶体三极管

1. 半导体器件型号命名方法

半导体器件的型号命名,如表 2.14 所示。

2. 晶体三极管的分类

晶体三极管的分类,如表 2.15 所示。

表 2.15 晶体三极管的分类

分类方法		特点
按结构分	NPN 型三极管	国产 NPN 多由硅材料制成,反向饱和电流 I_{CBO} 受温度影响小
	PNP 型三极管	国产 PNP 多由锗材料制成,反向饱和电流 I_{CBO} 受温度影响大
按工艺分	合金晶体管	PN 结由合金工艺制成,基区分布均匀,宽度大,特性频率低
	台面晶体管	用双扩散法与台面腐蚀工艺制成,高频特性好
	平面晶体管	用光刻技术及选择扩散的平面工艺制成,性能稳定
按频率分	高频管	共基极截止频率 $f_\alpha \geq 3\,\text{MHz}$
	低频管	共基极截止频率 $f_\alpha < 3\,\text{MHz}$
按功率分	大功率管	集电极耗散功率 $P_c \geq 1\,\text{W}$
	小功率管	集电极耗散功率 $P_c < 1\,\text{W}$

3. 半导体三极管放大倍数色点的标识

一般用色点标在半导体三极管的顶部,表示共发射极电流放大系数 β 或 h_{FE} 的分挡,用色点表示三极管放大倍数如表 2.16 所示。

表 2.16 用色点表示三极管放大倍数

色点	棕	红	橙	黄	蓝	紫	灰	白	黑
β 分挡	0~15	15~25	25~40	40~55	80~120	120~180	180~270	270~400	>400

4. 三极管的主要参数

三极管的主要参数有电流放大系数、极间反向电流、反向击穿电压、集电极最大允许耗散功率等。

5. 实物二极管、三极管

实物二极管、三极管，如图 2.16 所示。

(a) 不同封装的二极管、三极管

(b) 普通二极管和贴片二极管

图 2.16　实物二极管、三极管

例如，8050D 表示低频小功率 NPN 型硅材料的三极管，9018H 表示高频小功率 NPN 型硅材料的三极管，IN4148、IN4000 系列表示 N 型硅材料的普通二极管。

2.5　表面安装技术元器件

2.5.1　表面安装技术元器件简介

表面安装技术（SMT）元器件由于安装方式的不同，与穿孔插装技术（THT）元器件主要区别在外形封装。另外由于 SMT 重点在减小体积，故 SMT 元器件以小功率元器件为主。又因为大部分 SMT 元器件为片式，故通常又称为片状元器件或表面贴装元器件，一般简称 SMD 和 SMC。

表面贴装元器件从功能上分类，可分为有源器件 SMD、无源元件 SMC 和机电元件三大类。

表面贴装元器件从结构形状上分类，可分为薄片矩形、圆柱形、扁平异形等。

SMC 主要包括片状电阻器、电容器、电感器、滤波器和陶瓷振荡器等。

SMD 分立器件包括各种分立半导体器件，主要有二极管、三极管、场效应管，也有由 2 或 3 只三极管、二极管组成的简单复合电路。

2.5.2 贴片阻容元器件

表面贴装元器件包括表面贴装电阻、电位器、电容、电感、开关、连接器等。使用最广泛的是贴片（片状）电阻和电容。

贴片电阻、电容的类型、尺寸、温度特性、电阻、电容值、允差等，目前还没有统一标准，各生产厂商表示的方法也不同。

目前我国市场上贴片电阻、电容以公制代码表示外型尺寸。

1. 贴片电阻

表 2.17 是常用贴片电阻主要参数。
(1) 有★号的是英制代号。
(2) 贴片电阻厚度为 0.4～0.6 mm。
(3) 最新贴片元件为 1005(0402)、0603(0201)，目前应用较少。
(4) 电阻值采用数码法直接标在元件上，阻值小于 10 Ω 用 R 代替小数点，如 8R2 表示 8.2 Ω，0 R 为跨接片，电流容量不超过 2 A。

表 2.17 常用贴片电阻主要参数

参数\代码	1608 ★0603	2012 ★0805	3216 ★1206	3225 ★1210	5025 ★2010	6332 ★2512
外型：长×宽	1.6×0.8	2.0×1.25	3.2×1.6	3.2×2.5	5.0×2.5	6.3×3.2
功率/W	1/16	1/10	1/8	1/4	1/2	1
电压/V		100	200	200	200	200

2. 贴片电容

(1) 贴片电容主要是陶瓷叠片独石结构，其外形代码与贴片电阻含义相同，主要有 1005/0402、1608/0603、2012/0805、3216/1206、3225/1210、4532/1812、5664/2225 等（1005 为公制，0402 为英制）。
(2) 贴片电容元件厚度为 0.9～4.0 mm。
(3) 贴片陶瓷电容依所用陶瓷不同分为三种，其代号及特性分别为：NPO，I 类陶瓷，性能稳定，损耗小，用于高频高稳定场合；X7R，II 类陶瓷，性能较稳定，用于要求较高的中低频的场合；Y5V，III 类低频陶瓷，比容大，稳定性差，用于容量、损耗要求不高的场合。
(4) 贴片陶瓷电容的电容值也采用数码法表示，但不印在元件上。其他参数如允许偏差、耐压值等表示方法与普通电容相同。

2.5.3 表面贴装器件及集成电路的封装

表面贴装器件包括表面贴装分立器件（二极管、三极管、场效应管、晶闸管等）和集成电路两大类。

1. 表面贴装分立器件

除部分二极管采用无引线圆柱外形，其主要外形封装为小外形封装 SOP 型和 TO 型。此外还有 SC-70（2.0×1.25）、SO-8（5.0×4.4）等封装。

2. 表面贴装集成电路

常用 SOP 封装和四边引线扁平封装 QFP 封装，如图 2.17（a）所示。这种封装属于有引线封装。

SMD 集成电路有一种称为球形栅格阵列 BGA 的封装［图 2.17（b）］，应用非常广泛，主要用于引线多、要求微型化的电路。当然还有近年来出现的芯片尺寸封装 CSP 和多芯片组件 MCM 封装。

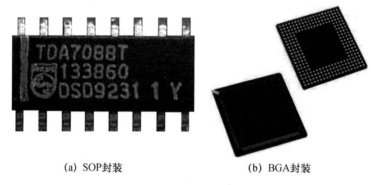

(a) SOP封装　　　　　(b) BGA封装

图 2.17　常用 SOP 封装和 BGA 封装

3. 集成电路的封装

所谓集成电路的封装，是指安装半导体集成电路芯片用的外壳，它不仅起着安放、固定、密封、保护芯片和增强电热性能的作用，而且还是沟通芯片内部与外部电路的桥梁。

衡量集成电路封装技术的重要指标是封装比（封装比等于芯片面积比封装面积），这个比值越接近 1 越好。

集成电路的封装技术已经发展得非常先进了。它的发展史是从 DIP、QFP、PGA、BGA、CSP 到 MCM，封装比越来越接近 1，其他相应的技术都取得了巨大的发展。

2.5.4　贴片电阻、电容的规格、封装、尺寸、命名方法及区别

1. 贴片电阻、电容的规格、封装及尺寸

贴片电阻的规格、封装及尺寸，如图 2.18 所示。

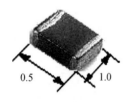

图 2.18　贴片电阻的规格、封装及尺寸

贴片电阻常见封装有 9 种，用两种尺寸代码来表示。一种尺寸代码是由 4 位数字表示的 EIA（美国电子工业协会）代码，前两位与后两位分别表示电阻的长与宽，以英寸（in.）为单位，人们常说的 0603 封装就是指英制代码。另一种是公制代码，也由 4 位数字表示，

其单位为 mm。表 2.18 列出贴片电阻封装英制和公制的关系及详细的尺寸，贴片电阻封装尺寸（a、b、L、W、t）如图 2.19 所示。

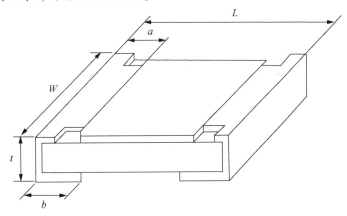

图 2.19　贴片电阻封装尺寸

表 2.18　贴片电阻封装英制和公制的关系及详细的尺寸

英制 /in.	公制 /mm	长（L） /mm	宽（W） /mm	高（t） /mm	a /mm	b /mm
0201	0603	0.60 ± 0.05	0.30 ± 0.05	0.23 ± 0.05	0.10 ± 0.05	0.15 ± 0.05
0402	1005	1.00 ± 0.10	0.50 ± 0.10	0.30 ± 0.10	0.20 ± 0.10	0.25 ± 0.10
0603	1608	1.60 ± 0.15	0.80 ± 0.15	0.40 ± 0.10	0.30 ± 0.20	0.30 ± 0.20
0805	2012	2.00 ± 0.20	1.25 ± 0.15	0.50 ± 0.10	0.40 ± 0.20	0.40 ± 0.20
1206	3216	3.20 ± 0.20	1.60 ± 0.15	0.55 ± 0.10	0.50 ± 0.20	0.50 ± 0.20
1210	3225	3.20 ± 0.20	2.50 ± 0.20	0.55 ± 0.10	0.50 ± 0.20	0.50 ± 0.20
1812	4832	4.50 ± 0.20	3.20 ± 0.20	0.55 ± 0.10	0.50 ± 0.20	0.50 ± 0.20
2010	5025	5.00 ± 0.20	2.50 ± 0.20	0.55 ± 0.10	0.60 ± 0.20	0.60 ± 0.20
2512	6432	6.40 ± 0.20	3.20 ± 0.20	0.55 ± 0.10	0.60 ± 0.20	0.60 ± 0.20

2. 贴片电阻、电容功率与尺寸对应关系

（1）电阻封装尺寸与功率关系一般是：0201 1/20 W、0402 1/16 W、0603 1/10 W、0805 1/8 W、1206 1/4 W。

（2）电容、电阻外形尺寸与封装的对应关系是：0402 为 1.0×0.5、0603 为 1.6×0.8、0805 为 2.0×1.2、1206 为 3.2×1.6、1210 为 3.2×2.5、1812 为 4.5×3.2、2225 为 5.6×6.5。

（3）常规贴片电阻（部分）。

（4）常规的贴片电阻的标准封装及额定功率如下：英制（in.）公制（mm）额定功率（W）。0201 0603 1/20、0402 1005 1/16、0603 1608 1/10、0805 2012 1/8、1206 3216 1/4、1210 3225 1/3、1812 4832 1/2、2010 5025 3/4、2512 6432 1。

3. 国内贴片电阻的命名方法及参数说明

（1）贴片电阻的命名方法。

① 5% 精度的命名，如 RS-05K102JT；1% 精度的命名，如 RS-05K1002FT。

② 贴片电阻的误差精度。贴片电阻阻值误差精度有 ±1%、±2%、±5%、±10% 精度，常规用的最多的是 ±1% 和 ±5% 精度。±5% 精度的常规是用三位数来表示的，如 512，前面两位是有效数字，第三位数表示有多少个零，基本单位是 Ω，这样就是 5100 Ω。

为了区分 ±5%、±1% 的电阻，±1% 的电阻常规多数用 4 位数来表示，这样前三位表示有效数字，第四位表示有多少个零，如 4531，也就是 4530 Ω，即 4.53 kΩ。

（2）贴片电阻的参数说明。

① 5% 精度的命名：RS-05K102JT。

② 1% 精度的命名：RS-05K1002FT。

A. R 表示电阻。

B. S 表示功率 0402 是 1/16 W、0603 是 1/10 W、0805 是 1/8 W、1206 是 1/4 W、1210 是 1/3 W、1812 是 1/2 W、2010 是 3/4 W、2512 是 1 W。

C. 05 表示尺寸（in.）：02 表示 0402、03 表示 0603、05 表示 0805、06 表示 1206、1210 表示 1210、1812 表示 1812、10 表示 1210、12 表示 2512。

D. K 表示温度系数为 100 ppm/℃。

E. 102 是 5% 精度阻值表示法：前两位表示有效数字，第三位表示有多少个零，基本单位是 Ω，102 为 1000 Ω = 1 kΩ。1002 是 1% 精度阻值表示法：前三位表示有效数字，第四位表示有多少个零，基本单位是 Ω，1002 为 10 000 Ω = 10 kΩ。

F. J 表示精度为 5%、F 表示精度为 1%。

G. T 表示编带包装。

贴片电容和贴片电阻都是一样可以用的，如 0805、1206 等。

4. 贴片电阻、电容的"R"表示

（1）贴片电阻的标称值表示与贴片电容标称值表示都是数字与"R"组合表示的。例如，3 Ω 用 3R0 表示，10 Ω 用 100 表示，100 Ω 用 101 表示，也就是说"R"表示点"."的意思，而 101 后面个位数的"1"表示的是带有 1 个 0，如 102 表示 1000。

（2）电阻上的数字和字母表示的就是阻值，R002 就表示 0.002 Ω，180 表示的就是 18 Ω。

5. 贴片电阻与贴片电容的区别

由于电阻上面有白色的字体表示，因此除端角外，背景颜色应该是黑色的，而电容上就没有字体表示，也不会有黑色的颜色，因为有黑色的话容易让人产生误解以为电容被氧化了。

2.6 半导体集成电路

1. 半导体集成电路的概念

半导体集成电路简称 IC，就是在一块极小硅单晶片上接入很多二极管、三极管以及电阻、电容、场效应管等，并按某种电路形式互联起来，制成具有一定功能的电路。

2. 半导体集成电路型号的命名方法

国产半导体集成电路型号一般由以下五部分组成。
第一部分：用字母表示器件符号（国家标准）。
第二部分：器件的类型，用字母表示，如表 2.19 所示。
第三部分：器件的系列和品种代号，用数字表示。
第四部分：器件的工作温度范围，用字母表示，如表 2.20 所示。
第五部分：器件的封装形式，用字母表示，如表 2.21 所示。

3. 半导体集成电路的分类

集成电路有多种不同的分类方法，常见的分类方法有以下几种。

表 2.19　半导体集成电路类型的表示方法

符号	意义	符号	意义	符号	意义
T	TTL 电路	M	存储器	W	稳压器
H	HTL 电路	μ	微型机电路	B	非线性电路
E	ECL 电路	F	线性放大器	J	接口电路
C	CMOS 电路	SW	钟表电路	SC	通信专用电路
AD	A/D 转换器	SS	敏感电路	DA	D/A 转换器
D	音响、电视电路				

表 2.20　用字母表示器件的工作温度范围的表示方法　　　　　　　　　　（单位：℃）

符号	意义	符号	意义	符号	意义
C	0～70	G	−25～70	L	−25～85
E	−40～85	R	−55～85	M	−55～125

表 2.21　半导体集成电路封装形式的表示方法

符号	意义	符号	意义	符号	意义
F	多层陶瓷扁平	H	黑陶瓷扁平	B	塑料扁平
D	多层陶瓷双列直插	P	塑料双列直插	J	黑陶瓷双列直插
S	塑料单列直插	T	金属圆形	K	金属菱形
C	陶瓷芯片载体	G	网络针栅阵列	E	塑料芯片载体

（1）按照制造工艺分类。按照制造工艺分类，集成电路可分为厚膜集成电路、薄膜集成电路、混合集成电路、半导体集成电路。

（2）按照电路功能及用途分类。按照电路功能及用途分类，集成电路可分为数字集成电路、模拟集成电路、接口集成电路和特殊集成电路。

（3）按照集成度分类。集成度是指在一个硅片上含有的元器件或门电路的数目。按照集成度分类，集成电路可分为小规模、中规模、大规模、超大规模和极大规模集成电路。

（4）按照使用领域分类。按照使用领域的环境条件分类，集成电路可分为军用品、工业用品和民用品（又称为商用品）三大类。

4. 集成电路的封装与引脚排列的识别

集成电路的封装，按其封装材料分为金属、陶瓷、塑料三类；按封装外形可分为扁平封装（表面安装）、圆形封装、双列直插封装和单列直插封装等。圆形封装采用金属圆筒形外壳，多为早期产品，适用于大功率集成电路；扁平封装体积较小，稳定性好，有金属、陶瓷及塑料三种外壳；双列直插封装多为塑料外壳，最为通用，有利于大规模生产和焊接。

（1）圆形金属壳封装。圆形金属壳封装的集成电路外形与大功率晶体管相似，体积较大，引脚有3、4、5、8、10多种。识别引脚时，将引脚向上，找出其定位标记，通常为锁口突耳、定位孔及引脚不规则排列，从定位标记对应引脚开始顺时针方向识别引脚序号，如图2.20（a）所示。

（2）单列、双列直插式封装。单列直插式集成电路一般在端面左侧有一定位标记，这些标记有的是缺角，有的是凹坑色点，有的是空心圆，有的是半圆缺口或短垂线。识别引脚时，将引脚向下，置定位标记于左方，然后从左向右读出引脚序号。对没有任何定位标记的集成电路，应将印有型号的一面正对自己，再按上述方法读出引脚序号，如图2.20（b）~图2.20（f）所示。

对于双列直插式电路，识别引脚时，将引脚向下，凹槽置于正面左方位置，靠近凹槽左下方第一个引脚为1号引脚，然后按逆时针方向识别各引脚。

（3）双列扁平式封装。双列扁平式集成电路一般在端面左侧有一个类似引脚的小金属片，或者在封装表面上有一个小圆点（或小圆圈、色点）作为定位标记。识别引脚时，将引脚向下，定位标记置于正面左方位置，靠近定位标记左方第一个引脚为1号引脚，然后按逆时针方向识别各引脚，如图2.20（g）所示。

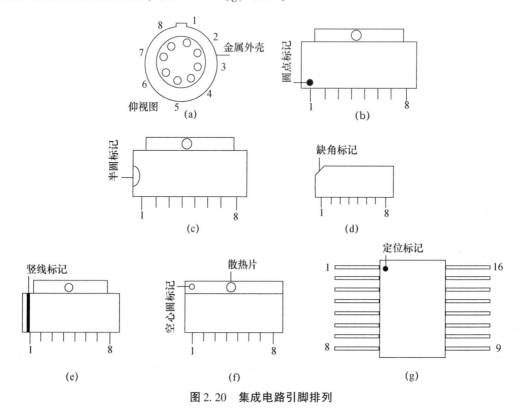

图2.20　集成电路引脚排列

5. 实物半导体集成芯片

不同封装的集成芯片，如图 2.21 所示。

图 2.21 不同封装的集成芯片

思考题

1. 色环电阻有几种色环表示？如何识别色环电阻？
2. 如何识别集成芯片的引脚排列？
3. 怎样区别贴片电阻和贴片电容？
4. 说明 RS-05K102JT 各组成部分的含义。
5. 三极管的主要参数有哪些？
6. 电阻、电容、二极管的主要参数有哪些？
7. 国外电容器主要参数的标注采用哪几种方法？
8. 电阻器参数的标志方法有几种？是哪几种？
9. 如何识别四色环电阻？如何用图形说明？
10. 半导体集成电路按照制造工艺可分为哪几类？

第 3 章　常用电子元器件的检测

3.1　电阻器、电位器的检测

正规的电子元器件检测需要多种通用或专门测试仪器；一般性的技术改造和电子制作，利用万用表等普通仪表对元器件检测，也可满足制作要求。

1. 电阻器检测

用数字表或指针式仪表可以方便、准确地检测电阻。
（1）选择相应量程并注意不要两手同时接触表笔金属部分。
（2）测量小阻值电阻时注意减去表笔零位电阻（即在 100 Ω 挡时表笔短接有零点几欧姆电阻，是允许误差）。
（3）电阻引线不洁净须进行处理后再测量。

2. 电位器检测

电位器的固定端电阻（1、3 端）测量与电阻器的测量相同；活动端 2、3 端（1、2 端）性能测量用指针表可方便观察，如图 3.1 和图 3.2 所示。
（1）外观检查。检查电位器引出端子是否松动，接触是否良好，转动转轴时应感觉平滑，不应有过松、过紧的情况。
（2）阻值检测。电位器检测如图 3.2 所示，首先用万用表欧姆挡（以 MF-47 型表为例）"R×10 Ω"（"R×1 kΩ"）挡或"R×10 kΩ"挡测量电位器总阻值，与标称值核对，看是否在标称值范围内，如果万用表指针不动或比标称阻值大很多，表明电位器已坏。然后将表笔接活动端子和一个引出端子，反复慢慢地旋动电位器转轴看万用表指针是否连续均匀变化，如果变化不连续或变化过程中阻值不稳定，则说明电位器接触不良，此电位器不能用。

电位器阻值变化规律如表 3.1 所示。

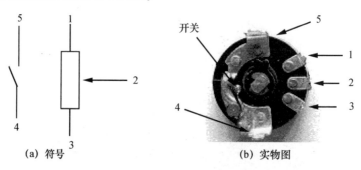

图 3.1　电位器符号与实物图

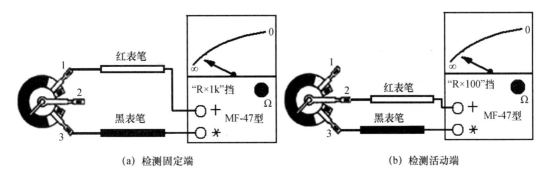

(a) 检测固定端　　　　　　　　　　　　　(b) 检测活动端

图 3.2　电位器检测

表 3.1　电位器阻值变化规律

阻值变化规律	特点	适用场合
直线式	阻值随转轴角度均匀变化	电路要求均匀变化的场合
对数式	电位器开始旋转时，阻值变化很大。转角接近最大转角一端时，阻值变化小	音调控制电路
指数式	电位器开始转动时，阻值变化小。转角接近最大转角一端时，阻值变化大	音量控制电路

3.2　电容器的检测

1. 电容器的测试

对电容器进行性能检查，应视型号和容量的不同而采取不同的方法。

（1）电容器的性能测量，最主要的是标称容量和漏电流的测量。对正、负极标志脱落的电容器，还应进行极性判别。

用万用表测量电解电容的漏电流时，可用万用表电阻挡测电阻的方法来估测。万用表的黑表笔应接电容器的"＋"极，红表笔接电容器的"－"极，此时表针迅速向右摆动，然后慢慢退回，待指针不动时其指示的电阻值越大表示电容器的漏电流越小；若指针根本不向右摆，说明电容器内部已断路或电解质已干涸而失去容量。

用上述方法还可以鉴别电容器的正、负极。对失掉正、负极标志的电解电容器，或先假定某极为"＋"，让其与万用表的黑表笔相接，另一个电极与万用表的红表笔相接，同时观察并记住表针向右摆动的幅度；将电容放电后，把两只表笔对调重新进行上述测量。哪一次测量中，表针最后停留的摆动幅度较小，说明该次对其正、负极的假设是对的。

（2）中、小容量电容器的测试。这类电容器的特点是无正、负极之分，绝缘电阻很大，因而其漏电流很小。若用万用表的电阻挡直接测量其绝缘电阻，则表针摆动范围极小不易观察，用此法主要是检查电容器的断路情况。

对于 0.01 μF 以上的电容器，必须根据容量的大小，分别选择万用表的合适量程，才能正确加以判断。如测 300 μF 以上的电容器可选择"R×10"挡或"R×100"挡；测 0.47～10 μF 的电容器可用"R×1k"挡；测 0.01～0.47 μF 的电容器可用"R×10k"挡等。具体方法是：用两表笔分别接触电容器的两根引线（注意双手不能同时接触电容器的两极），若表针不动，将表针对调再测，仍不动说明电容器断路。

对于 0.01 μF 以下的电容器不能用万用表的欧姆挡判断其是否断路，只能用其他仪表（如 Q 表）进行鉴别。在实际中用替代法解决此类问题。

2. 电容器的检查

根据电容器的充电原理，可用万用表检测电容器的好坏。当完好的电容器接入万用表的欧姆挡时，指针示值迅速上升后又回到起始点，或接近起始点。表针摆动幅度大，表明电容量大；表针落点离起始点越远，表示漏电流越大。

图 3.3　电解电容的极性

（1）上述测试方法仅适用于测量大容量的电容器，对于小于几千 pF 的电容器，万用表灵敏度不能满足要求、无法测定。

（2）短路或阻值小于 MΩ 级，表示电容器已损坏。

（3）对电解电容器测试时应注意极性，一般长引线为正极，短引线为负极，电解电容的极性如图 3.3 所示。

（4）万用表内电源电压应低于电容器允许工作电压。

（5）小电容（≤0.1 μF）可测短路、断路、漏电故障。采用测电阻的方法：用 MF-47 型万用表"R×1"挡测量，正常情况下电阻为无穷大。若电阻接近或等于零，则电容短路；若为某一数值，则电容漏电。

（6）大容量电容（≥0.1 μF）除可测短路和漏电外，还可估测电容量，电解电容器须注意极性。其方法是：① 先将电容器两端短接放电；② 用表笔接触两端，正常情况下表针将发生摆动，容量越大摆动角度越大，且回摆越接近出发点，电容器质量越好（漏电越小）；③ 与已知电容器的容量对比，估测电容量。

3.3　半导体器件的检测

3.3.1　晶体三极管的检测

1. 基极和管型（NPN 型或 PNP 型）的判别

（1）将万用表至于"R×100"挡或"R×1k"挡，如果被测的为 PNP 型，那么红表笔接基极，黑表笔依次接在另外两个引脚，两次测得阻值不同，一次阻值大，一次阻值小。阻值小的一次黑表笔所接的一端为集电极（C 极）；如果被测的为 NPN 型，只要把表笔对调即可。基极和管型的判别如图 3.4 所示。一般 NPN 型的硅管都是高频管。

（2）用指针表。用电阻挡"R×100"或"R×1k"挡，以黑表笔（接表内电池正极）接三极管的某一个引脚，再用红表笔（接表内电池负极）分别去接另外两个引脚，直到出现测得的两个电阻值都很小（或者很大），那么黑表笔所接的那一引脚就应是基极。为了进一步确定基极，可再将红、黑表笔对调，这时测得的两个电阻值应当与上面的情况刚好相反,即都是很大(或很小),这样三极管的基极就确认无误了。

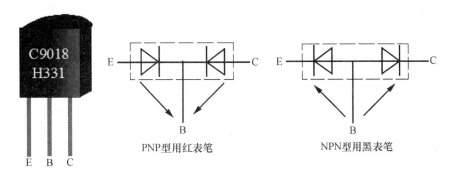

图 3.4　基极和管型的判别

当黑表笔接基极时,如果红表笔分别接其他两个引脚,所测得的电阻值都很小,说明这是 NPN 型三极管;如果电阻值都很大,说明这是 PNP 型三极管。

(3) 用数字表。要用二极管挡[用电阻挡时各引脚电阻均为无穷大(显示"1———")],方法同上,只是要注意数字表表笔接表内电池极性与指针表相反,显示的是 PN 结的正反向压降。

2. 判定发射极、集电极和放大倍数

判定三极管的发射极 E 和集电极 C,通常用放大性能比较法,发射极、集电极和放大倍数检测(NPN 型三极管)如图 3.5 所示。

(1) 加电阻或人体电阻测量法。用指针表找到基极 B 并确定为 NPN(或 PNP)型三极管后,在剩下的两个引脚中可以假定一个为集电极,另一个为发射极;观察放大性能,方法如图 3.5 所示。将黑表笔接假设的集电极,红表笔接假设的发射极,并在集电极与基极之间加一个 100 kΩ 左右的电阻(通常测量时可用人体电阻代替,即用手指捏住两引脚),观察测得的电阻值。

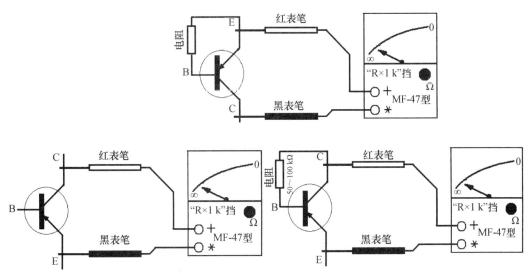

图 3.5　发射极、集电极和放大倍数检测(NPN 型三极管)

然后对调表笔,并在假设的发射极与基极之间加一个 100 kΩ 的电阻,观察测得的电阻值。将两次测得的电阻值做一个比较,电阻值较小的那一次测量,黑表笔所接的是 NPN 型三极管的集电极 C,红表笔所接的是三极管的发射极 E,假设正确。

若是 PNP 型三极管,测量方法同上,只是测得的电阻值较大的一次为正确的假设。

(2) 直接测量法。对于小功率三极管,也可确定基极及管型(PNP 型或 NPN 型)后,分别假定另外两极,直接插入三极管测量孔(指针表、数字表均可,功能开关选 hFE 挡),读取放大倍数 h_{FE} 值。E、C 假定正确时放大倍数大(几十至几百),E、C 假定错误时放大倍数小(一般 < 20)。

对于三极管放大倍数 β,利用 MF-47 型测量放大倍数的功能即可测出,并可确定 E、B、C 引脚(用法参见万用表说明书,不同型号的万用表使用有所不同)。

3. 三极管的质量判定

(1) 测 C、E 之间的反向穿透电流 I_{CEO}。用"R×100"挡或"R×1k"挡,测出 C、E 之间电阻越大,I_{CEO} 越小,三极管的温度稳定性越好。

(2) 测三极管放大倍数 β 值,β 一般在 4~1000 范围内。

4. 三极管的代换

(1) 极限参数高的三极管可以代替极限参数低的三极管。
(2) 放大倍数高的三极管可以代替放大倍数低的三极管。
(3) 性能相同的国产管可以代替进口三极管。
(4) 高频三极管可以代替低频三极管,而低频三极管不能代替高频三极管。
(5) 开关三极管可以代替普通三极管,反之不能替换。
(6) 锗管和硅管可以相互代替,但极性要相同,即 NPN 型锗管代替 NPN 型硅管。
(7) 相同极性的三极管,只要参数相同就可以互相替换。
(8) 特性好的三极管可以代替特性差的三极管。

常用三极管的参数及替换参见附录 A。

3.3.2 晶体二极管的检测

1. 普通二极管

(1) 二极管的极性,如图 3.6 所示。

图 3.6 二极管的极性

(2) 二极管的正、反向阻值测量,如图 3.7 所示。

用指针表:采用测量二极管正反向电阻法,正常二极管正向电阻几千欧以下,反向几百千欧以上。

特别指出:在指针表中,黑表笔为内部电池正极,红表笔为内部电池负极。

(3) 二极管的反向耐压。一般常用的二极管 IN4000 系列中 IN4001 耐压为 50 V,IN4007 耐压为 1000 V,电流 1 A。IN5400 系列中 IN5408 耐压 800 V,电流 3 A。常用其他型号的二极管参数参见附录 B。

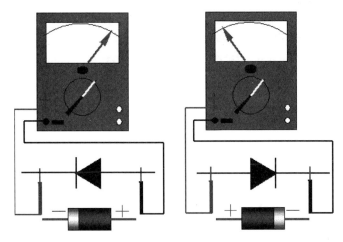

图 3.7 二极管的正、反向阻值测量

（4）二极管的管压降。用数字表的二极管挡，测量的是二极管的电压降，正常二极管正向压降为 0.1 V（锗管）到 0.7 V（硅管），反向显示"1———"。

（5）质量判定。一般二极管正向阻值在几十欧姆到几百欧姆之间，反向阻值在几百千欧姆以上，则可初步判定该二极管是好的。

如果测量结果都很小，接近于零时，说明二极管内部 PN 结被击穿或短路；如果阻值都很大，接近无穷大，说明该二极管内部已断路。

2. 发光二极管 LED

（1）用指针表 MF-47 型的"R×1Ω"挡，红表笔接发光二极管负极，黑表笔接正极，LED 亮，从 LI 刻度读出正向电流，LV 刻度读出正向电压。

（2）用数字表的 hFE 挡，LED 正负极分别插入 NPN 的 C、E 孔（或 PNP 的 E、C 孔），LED 发光（由于电流较大，点亮时间不要太长）。

（3）用数字表（VC9807A）的二极管挡位，红表笔接发光二极管的正极，黑表笔接负极，二极管就会发出较弱的光；若是多色发光二极管就会按一定规律交替发光。发光二极管一般为长引线是正极，短引线是负极。

3. 变容二极管

变容二极管采用测量普通二极管方法可检测好坏。进一步测试需借助辅助电路。

注意：对于贴片二极管和贴片三极管等的测量与上述二极管、三极管的测量方法是一样的，但测量时要注意防静电，以免损坏元器件。

3.4 电感器、变压器的检测

3.4.1 电感器的检测

用万用表可测量线圈短路和断路。

（1）外观检查。看线圈有无松散，引脚有无折断、生锈现象。然后用万用表的欧姆挡测线圈的直流电阻，若为无穷大，说明线圈（或引出线间）有断路；若比正常值小得多，说明有局部短路；若为零，则线圈被完全短路。对于有金属屏蔽罩的电感器线圈，还需检查它的线圈与屏蔽罩之间是否短路；对于有磁芯的可调电感器，螺纹配合要好。

（2）一般方法是测线圈电阻及线圈间绝缘电阻。一般线圈的电阻值较小，约几十欧姆到零点几欧姆，宜用数字表测量。线圈之间绝缘电阻应为无穷大。

3.4.2 变压器的检测

1. 外观检查

外观检查包括能够看得见摸得到的项目，如线圈引线是否断线、脱焊，绝缘材料是否烧焦，机械是否损伤和表面是否破损等。

2. 直流电阻检测

由于变压器的直流电阻很小，因此一般用万用表的"R×1Ω"挡来测绕组的电阻值，可判断绕组有无短路或断路现象。对于某些晶体管收音机中使用的输入、输出变压器，由于它们体积相同、外形相似，一旦标志脱落，从外观上很难区分，此时可根据其线圈直流电阻值进行区分。一般情况下，输入变压器的直流电阻值较大，初级多为几百欧姆，次级多为一欧姆至几百欧姆；输出变压器的初级直流电阻值多为几十欧姆至几百欧姆，次级直流电阻值多为零点几欧姆至几欧姆。例如，音频输入、输出变压器直流电阻值的测量，如图3.8所示。

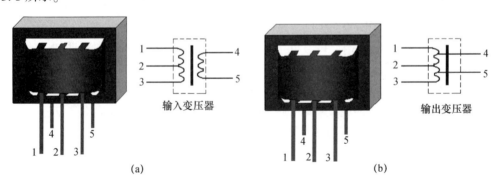

图3.8 输入、输出变压器直流电阻值的测量

3. 绝缘电阻检测

（1）用万用表的"R×1k"挡或"R×10k"挡测量绕组与绕组间、绕组与铁芯间、绕组与外壳间的绝缘电阻，此值应为无穷大；否则说明该变压器的绝缘性能太差，不能使用。

（2）变压器各绕组之间以及绕组和铁芯之间的绝缘电阻可用500 V或1000 V兆欧表（摇表）进行测量。根据不同的变压器，选择不同的摇表。一般电源变压器和扼流圈应选用1000 V摇表，其绝缘电阻应不小于1000 MΩ；音频输入变压器和输出变压器用500 V摇表,其绝缘电阻应不小于 100 MΩ。

4. 输出电压的检测

将电源变压器一次绕组与交流 50 Hz/220 V 正弦交流电源相连,用万用表测变压器的输出电压是否与标称值相符。若测得输出电压低于或高于标称值许多,则应检查二次绕组有无匝间短路或与一次绕组之间有无局部短路。

5. 温升的检测

让变压器在额定输出电流下工作一段时间,然后切断电源,用手摸变压器的外壳,即可判断温升情况。若温热,表明变压器温升符合要求;若感觉非常烫手,则表明变压器温升指标不符合要求。

3.5 常用开关的检测

(1) 用测量电阻的方法可检测开关好坏和性能,接触电阻越小越好(常用开关及连接器 $R < 1\ \Omega$),用数字表测量较方便。

(2) 用高阻挡可检测开关及连接器的绝缘性能。

(3) 实物开关。不同封装的实物开关,如图 3.9 所示。

图 3.9 不同封装的实物开关

3.6 数码管的检测

1. LED 数码管的种类

LED 数码管具有许多种类。
（1）按显示字形分为数字管和符号管。
（2）按显示位数分为单位、双位和多位数码管。
（3）按内部连接方式分为共阳极数码管和共阴极数码管两种。
（4）按字符颜色分为红色、绿色、黄色和橙色等。

2. LED 数码管的识别检测

（1）数码管（LED）的引脚判别与发光二极管的相同。

（2）要使数码管能显示 0～9 的一系列可变数字，只要点亮内部相应的段即可。数码管的显示方式有静态和动态之分，静态采用直流驱动，动态采用脉冲驱动。

（3）一般数码管与集成电路七段译码驱动器配接，如 CD4511 等。

（4）按照数码管的内部连接方法，可分为共阳极与共阴极两种。共阳极数码管中各个发光二极管的正极均连接在一起，作为公共阳极与电源正极相连。当选段电极加低电平，相应的段就会发光。共阴极数码管中各个发光二极管的负极均连接在一起，作为公共阴极与电源负极相连。当选段电极加驱动高电平，相应的段就会发光。对于单位共阳、共阴极数码管其公共极为 3、8 引脚，如图 3.10 所示。

（5）测量 LED 数码管时，可用万用表欧姆挡测量其中的每个 LED。

万用表置于"R×10k"挡，对于共阴极数码管，红表笔接公共极，黑表笔依次分别接各笔段进行检测。

对于共阳极数码管，万用表的黑表笔接公共极，红表笔依次分别接各笔段进行检测。

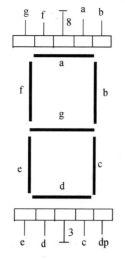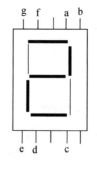

图 3.10 数码管

3.7 集成电路的检测、替换和使用

1. 集成电路的一般检测方法

集成电路的一般检测可采用非在线（集成电路没有接在电路中）与在线（集成电路接在印制电路板中）检测的两种方法。

（1）非在线检测各引脚对地电阻。

将万用表置于电阻挡，其中一个表笔接触集成电路的接地脚，然后用另一个表笔测量各引脚对地正、反向电阻，将读数与正常的同型号集成电路比较，如果相差不多则可判定被测集成电路是好的。集成电路正常电阻可通过资料或测量正品集成电路得到。

（2）在线电压检测。

在印刷电路板通电的情况下，先测集成电路各引脚的电压。大部分说明书或资料中都标出了各引脚的电压值。当测出某引脚电压与说明书或资料中所提供的电压值差距较大时，应先检查与此引脚相关的外围各元器件有无问题。若这些外围元器件正常，再用测集成电路引脚对地电阻的办法进一步判断。

在线电压检测时，应注意以下几个方面。

① 由于集成电路引脚之间的距离很小，因此测量时要小心，防止因表笔滑动造成两相邻引脚间短路，使集成电路损坏。

② 要区别所提供的标称电压是静态工作电压还是动态工作电压，因为集成电路个别引脚的电压随着注入信号的有无发生明显变化，因此测试时可把信号断开，然后再观察电压是否恢复正常，电压正常则说明标称电压属动态工作电压。而动态工作电压是在某一特定的条件下测得的，若测试时的接收场强不同或音量不同，动态工作电压也不一样。

③ 要注意外围可变元件引起的引脚电压变化。当测出的电压与标称电压不符时，可能是由于该引脚外围电路所连接的是电位器（如音量、色饱和、对比度电位器等）造成的。因此，当出现某一引脚电压与标称电压不符时，可通过转动电位器转轴看能否调到标称值附近。

④ 要防止测量误差。万用表表头内阻不同或选用不同直流电压挡就会造成误差。

（3）在线电阻测量。

利用万用表测量集成电路各引脚对地的正、反向（直流）电阻，并与正常数据进行对照。

2. 集成电路的正确选择、使用

集成电路的系列相当多，各种功能的集成电路应有尽有。在选择和使用集成电路时应注意以下几点内容。

（1）在选用集成电路时，应根据实际情况，查阅器件手册，在全面了解所需集成电路的性能和特点的前提下，选用功能和参数都符合要求的集成电路，充分发挥其效能。

（2）在使用集成电路时，不许超过器件手册规定的参数数值。

（3）结合电路图对集成电路的引脚编号、排列顺序核实清楚，了解各个引脚功能，

确认输入/输出端位置、电源、地线等。插装集成电路时要注意引脚序号方向，不能插错。

（4）在焊接扁平型集成电路时，由于其外引出线成型，因此要注意引脚与印制电路板平行，不得穿引扭焊，不得从根部弯折。

（5）在焊接集成电路时，不得使用功率大于45 W的电烙铁，每次焊接的时间不得超过10 s，以免损坏集成电路或影响集成电路性能。集成电路引出线间距较小，在焊接时不得相互桥接，以免造成短路。

（6）在安装集成电路时，要选择有利于散热通风、便于维修更换器件的位置。

（7）CMOS集成电路有金属氧化物半导体构成的非常薄的绝缘氧化膜，可由栅极的电压控制源和漏区之间的电通路，而加在栅极上的电压过大，栅极的绝缘氧化膜就容易被击穿。一旦发生了绝缘击穿，就不可能再恢复集成电路的性能。CMOS集成电路为保护栅极的绝缘氧化膜免遭击穿，虽备有输入保护电路，但这种保护也有限，使用时如不小心，仍会引起绝缘击穿。因此使用CMOS集成电路时应注意以下几点。

① 焊接时采用漏电小的电烙铁（绝缘电阻在10 MΩ以上的A级电烙铁或起码1 MΩ以上的B级电烙铁）或焊接时暂时拔掉电烙铁电源。

② 电路操作者的工作服、手套等应由无静电的材料制成。工作台上要铺上导电的金属板，椅子、工夹器具和测量仪器等均应接到地电位。特别是电烙铁的外壳须有良好的接地线。

③ 当要在印制电路板上插入或拔出大规模集成电路时，一定要先关断电源。

④ 切勿用手触摸大规模集成电路的引脚。

⑤ 直流电源的接地端子一定要接地。

⑥ 在存储CMOS集成电路时，必须将集成电路放在金属盒内或用金属箔包装起来。

（8）安装完成之后应仔细检查各引脚焊接顺序是否正确、各引脚有无虚焊及互连现象，一切检查完毕之后方可通电。

3. 集成电路的代换

集成电路的代换一般可分为直接代换和间接代换两种。

（1）直接代换。

直接代换是指不改动和不增加外围元件及集成电路引脚，将代换的集成芯片直接焊接到电路板上。

直接代换分为以下两种。

① 型号字母相同，数字不同的代换。集成电路的同一型号不断出现改进型，其后缀数字有变化，但引脚功能与原型完全相同，可以直接代换。

② 型号字母不同，数字相同的集成电路可以直接代换。但也有一些后面数字相同的集成电路，其功能不同，不能直接代换。

（2）间接代换。

间接代换是指无法直接代换时，采用与原型号集成电路的电参数、封装形式相接近的集成电路进行代换。

间接代换可分为以下四种。

（1）外围电路保持不变，改变引脚接线顺序。

（2）引脚接线顺序不变，改动外围电路或调整外围电路的元器件。

(3) 引脚接线顺序和外围电路同时改动。
(4) 对原集成电路进行部分代换。

3.8 石英晶体振荡器的检测

1. 电阻测量法

用万用表"R×10k"挡测量石英晶体振荡器的正、反向阻值,正常时均为∞。若测得石英晶体振荡器有一定的电阻值或零,则说明石英晶体振荡器已漏电或击穿损坏。

2. 电容量测量法

用数字万用表测量石英晶体振荡器的电容量,可大致判断出该石英晶体振荡器是否已变值。一般 45 kHz、480 kHz、500 kHz、560 kHz 等的对应电容近似值为 310 pF、350 pF、430 pF、200 pF 左右。若测得石英晶体振荡器的电容量大于近似值或无容量,则可确定该石英晶体振荡器已损坏。

3. 在路检测

将石英晶体振荡器接在测试电路中,可判断其是否损坏。
石英晶体振荡器在接入线路时,两条引线不能相距太近。
若将石英晶体振荡器接入电路,电路起振,指示灯亮,则说明该石英晶体振荡器性能良好;反之则说明石英晶体振荡器已损坏。

4. 实物石英晶体振荡器

石英晶体振荡器,如图 3.11 所示。

图 3.11 石英晶体振荡器

3.9 可控硅的检测

1. 可控硅的特性

可控硅分单向可控硅、双向可控硅。单向可控硅有阳极 A、阴极 K、控制极 G 3 个引出脚。双向可控硅有第一阳极 A1（T1）、第二阳极 A2（T2）、控制极 G 3 个引出脚。只有当单向可控硅阳极 A 与阴极 K 之间加有正向电压，同时控制极 G 与阴极间加上所需的正向触发电压时，方可被触发导通。此时 A、K 间呈低阻导通状态，阳极 A 与阴极 K 间压降约 1 V。单向可控硅导通后，控制器 G 即使失去触发电压，只要阳极 A 和阴极 K 之间仍保持正向电压，单向可控硅继续处于低阻导通状态。只有把阳极 A 电压拆除或阳极 A、阴极 K 间电压极性发生改变（交流过零）时，单向可控硅才由低阻导通状态转换为高阻截止状态。单向可控硅一旦截止，即使阳极 A 和阴极 K 间又重新加上正向电压，仍需在控制极 G 和阴极 K 间有重新加上正向触发电压方可导通。单向可控硅的导通与截止状态相当于开关的闭合与断开状态，用它可制成无触点开关。

双向可控硅第一阳极 A1 与第二阳极 A2 间，无论所加电压极性是正向还是反向，只要控制极 G 和第一阳极 A1 间加有正负极性不同的触发电压，就可触发导通呈低阻状态。此时 A1、A2 间压降也约为 1 V。双向可控硅一旦导通，即使失去触发电压，也能继续保持导通状态。只有当第一阳极 A1、第二阳极 A2 电流减小，小于维持电流或 A1、A2 间当电压极性改变且没有触发电压时，双向可控硅才截断，此时只重新加触发电压方可导通。可控硅实物如图 3.12 所示。

尽管从形式上可将双向晶闸管看成两只普通晶闸管的组合，但实际上它是由 7 只晶体管和多只电阻构成的功率集成器件。小功率双向晶闸管一般采用塑料封装，有的还带散热板。典型产品有 BCM1AM（1 A/600 V）、BCM3AM（3 A/600 V）、2N6075（4 A/600 V）、MAC218-10（8 A/800 V）等。大功率双向晶闸管大多采用 RD91 型封装。常用可控硅的封装形式有 TO-92、TO-126、TO-202AB、TO-220、TO-220AB、TO-3P、SOT-89、TO-251、TO-252 等。

双向晶闸管的结构属于 NPNPN 五层器件，3 个电极分别是 T1、T2、G。因该器件可以双向导通，故除门极 G 以外的两个电极统称为主端子，用 T1、T2 表示，不再划分成阳极或阴极。其特点是，当 G 极和 T2 极相对于 T1 的电压均为正时，T2 是阳极，T1 是阴极。反之，当 G 极和 T2 极相对于 T1 的电压均为负时，T1 变成阳极，T2 为阴极。由于正、反向特性曲线具有对称性，所以它可在任何一个方向导通。

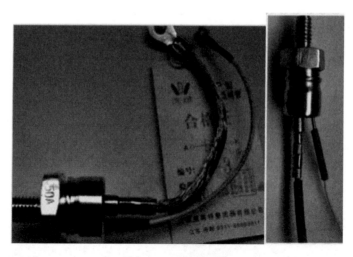

图 3.12　可控硅实物

2. 可控硅的管脚判别

晶闸管管脚的判别可用下述方法：先用万用表"R×1k"挡测量三脚之间的阻值，阻值小的两脚分别为控制极和阴极，所剩的一脚为阳极。再将万用表置于"R×10k"挡，用手指捏住阳极和另一脚，且不让两脚接触，黑表笔接阳极，红表笔接剩下的一脚，如表针向右摆动，说明红表笔所接为阴极，不摆动则为控制极。

3. 可控硅的检测

（1）单向可控硅的检测。

万用表选电阻"R×1Ω"挡，用红、黑两表笔分别测任意两引脚间正反向电阻直至找出读数为数十欧姆的一对引脚，此时黑表笔的引脚为控制极 G，红表笔的引脚为阴极 K，另一空脚为阳极 A。此时将黑表笔接已判断了的阳极 A，红表笔仍接阴极 K。此时万用表指针应不动。用短线瞬间短接阳极 A 和控制极 G，此时万用表电阻挡指针应向右偏转，阻值读数为 10Ω 左右。如阳极 A 接黑表笔，阴极 K 接红表笔时，万用表指针发生偏转，说明该单向可控硅已击穿损坏。

（2）双向可控硅的检测。

用万用表电阻"R×1Ω"挡，用红、黑两表笔分别测任意两引脚间正反向电阻，结果其中两组读数为无穷大。若一组为数十欧姆时，该组红、黑表所接的两引脚为第一阳极 A1 和控制极 G，另一空脚即为第二阳极 A2。确定 A1、G 极后，再仔细测量 A1、G 极间正、反向电阻，读数相对较小的那次测量的黑表笔所接的引脚为第一阳极 A1，红表笔所接引脚为控制极 G。将黑表笔接已确定的第二阳极 A2，红表笔接第一阳极 A1，此时万用表指针不应发生偏转，阻值为无穷大。再用短接线将 A2、G 极瞬间短接，给 G 极加上正向触发电压，A2、A1 间阻值约 10Ω 左右。随后断开 A2、G 间短接线，万用表读数应保持 10Ω 左右。互换红、黑表笔接线，红表笔接第二阳极 A2，黑表笔接第一阳极 A1。同样万用表指针应不发生偏转，阻值为无穷大。用短接线将 A2、G 极间再次瞬间短接，给 G 极加上负的触发电压，A1、A2 间的阻值也是 10Ω 左右。随后断开 A2、G 极间短接线，万用表读数应不变，保持在 10Ω 左右。符合以上规律，说明被测双向可控硅未损坏且三个引脚极性判断正确。检测较大功率可控硅时，需要在万用表黑笔中串接一节 1.5V 干电池，以提高触发电压。晶闸管（可控硅）的管脚判别晶闸管管脚的判别可用下述方法：先用万用表"R×1k"挡测量三脚之间的阻值，阻值小的两脚分别为控制极和阴极，所剩的一脚为阳极。再将万用表置于"R×10k"挡，用手指捏住阳极和另一脚，且不让两脚接触，黑表笔接阳极，红表笔接剩下的一脚，如表针向右摆动，说明红表笔所接为阴极，不摆动则为控制极。

3.10 场效应管检测及使用注意事项

1. 场效应管检测（指针式万用表）

（1）用测电阻法判别结型场效应管的电极。

根据场效应管的 PN 结正、反向电阻值不一样的现象，可以判别出结型场效应管的三个电极。具体方法：将万用表拨在"R×1k"挡上，任选两个电极，分别测出其正、反向电阻值。当某两个电极的正、反向电阻值相等，且为几千欧姆时，则该两个电极分别是漏极 D 和源极 S。因为对结型场效应管而言，漏极和源极可互换，剩下的电极肯定是栅极 G。也可以将万用表的黑表笔（红表笔也行）任意接触一个电极，另一只表笔依次去接触其余的两个电极，测其电阻值。当出现两次测得的电阻值近似相等时，则黑表笔所接触的电极为栅极，其余两电极分别为漏极和源极。若两次测出的电阻值均很大，说明是 PN 结的反向，即都是反向电阻，可以判定是 N 沟道场效应管，且黑表笔接的是栅极；若两次测出的电阻值均很小，说明是正向 PN 结，即是正向电阻，判定为 P 沟道场效应管，黑表笔接的也是栅极。若不出现上述情况，可以调换黑、红表笔按上述方法进行测试，直到判别出栅极为止。

（2）用测电阻法判别场效应管的好坏。

测电阻法是用万用表测量场效应管的源极与漏极、栅极与源极、栅极与漏极、栅极 G1 与栅极 G2 之间的电阻值同场效应管手册标明的电阻值是否相符去判别管的好坏。具体方法：首先将万用表置于"R×10Ω"或"R×100Ω"挡，测量源极 S 与漏极 D 之间的电阻，通常在几十欧到几千欧范围（在手册中可知，各种不同型号的管，其电阻值是各不相同的），如果测得阻值大于正常值，可能是由于内部接触不良；如果测得阻值是无穷大，可能是内部断极。然后把万用表置于"R×10k"挡，再测栅极 G1 与 G2 之间、栅极与源极、栅极与漏极之间的电阻值，当测得其各项电阻值均为无穷大，则说明管是正常的；若测得上述各阻值太小或为通路，则说明管是坏的。要注意，若两个栅极在管内断极，可用元件代换法进行检测。

（3）用感应信号输入法估测场效应管的放大能力。

具体方法：用万用表电阻的"R×100Ω"挡，红表笔接源极 S，黑表笔接漏极 D，给场效应管加上 1.5 V 的电源电压，此时表针指示出的漏源极间的电阻值。然后用手捏住结型场效应管的栅极 G，将人体的感应电压信号加到栅极上。这样，由于管的放大作用，漏源电压 VDS 和漏极电流 1b 都要发生变化，也就是漏源极间电阻发生了变化，由此可以观察到表针有较大幅度的摆动。如果手捏栅极表针摆动较小，说明管的放大能力较差；表针摆动较大，表明管的放大能力大；若表针不动，说明管是坏的。

根据上述方法，我们用万用表的"R×100Ω"挡，测结型场效应管 3DJ2F。先将管的 G 极开路，测得漏源电阻 RDS 为 600Ω，用手捏住 G 极后，表针向左摆动，指示的电阻 RDS 为 12kΩ，表针摆动的幅度较大，说明该管是好的，并有较大的放大能力。

运用这种方法时要说明几点：首先，在测试场效应管用手捏住栅极时，万用表针可能向右摆动（电阻值减小），也可能向左摆动（电阻值增加）。这是由于人体感应的交流电压较高，而不同的场效应管用电阻挡测量时的工作点可能不同（或者工作在饱和区或者在不饱和区）所致，试验表明，多数管的 RDS 增大，即表针向左摆动；少数管的 RDS 减小，使表针向右摆动。但无论表针摆动方向如何，只要表针摆动幅度较大，就说明管有较大的放大能力。其次，此方法对 MOS 场效应管也适用。但要注意，MOS 场效应管的输入电阻高，栅极 G 允许的感应电压不应过高，所以不要直接用手去捏栅极，必须用手握螺丝刀的绝缘柄，用金属杆去碰触栅极，以防止人体感应电荷直接加到栅极，引起栅极击穿。再次，每次测量完毕，应当让 G-S 极间短路一下。这是因为 G-S 结电容上会充有少量电荷，建立起 VGS 电压，造成再进行测量时表针可能不动，只有将 G-S 极间电荷短路放掉才行。

(4) 用测电阻法判别无标志的场效应管。

首先,用测量电阻的方法找出两个有电阻值的管脚,也就是源极 S 和漏极 D,余下两个脚为第一栅极 G1 和第二栅极 G2。把先用两表笔测的源极 S 与漏极 D 之间的电阻值记下来,对调表笔再测量一次,把其测得电阻值记下来,两次测得阻值较大的一次,黑表笔所接的电极为漏极 D;红表笔所接的为源极 S。用这种方法判别出来的 S、D 极,还可以用估测其管的放大能力的方法进行验证,即放大能力大的黑表笔所接的是 D 极;红表笔所接地是 S 极,两种方法检测结果均应一样。当确定了漏极 D、源极 S 的位置后,按 D、S 的对应位置装入电路,一般 G1、G2 也会依次对准位置,这就确定了两个栅极 G1、G2 的位置,从而就确定了 D、S、G1、G2 管脚的顺序。

(5) 用测反向电阻值的变化判断跨导的大小。

对 VMOS N 沟道增强型场效应管测量跨导性能时,可用红表笔接源极 S、黑表笔接漏极 D,这就相当于在源极、漏极之间加了一个反向电压。此时栅极是开路的,管的反向电阻值是很不稳定的。将万用表的欧姆挡选在 "R×10 kΩ" 的高阻挡,此时表内电压较高。当用手接触栅极 G 时,会发现管的反向电阻值有明显的变化,其变化越大,说明管的跨导值越高;如果被测管的跨导很小,用此法测时,反向阻值变化不大。

2. 场效应管使用注意事项

(1) 为了安全使用场效应管,在线路的设计中不能超过管的耗散功率、最大漏源电压、最大栅源电压和最大电流等参数的极限值。

(2) 各类型场效应管在使用时,都要严格按要求的偏置接入电路中,要遵守场效应管偏置的极性。如结型场效应管栅源漏之间是 PN 结,N 沟道管栅极不能加正偏压;P 沟道管栅极不能加负偏压,等等。

(3) MOS 场效应管由于输入阻抗极高,所以在运输、贮藏中必须将引出脚短路,要用金属屏蔽包装,以防止外来感应电势将栅极击穿。尤其要注意,不能将 MOS 场效应管放入塑料盒子内,保存时最好放在金属盒内,同时也要注意管的防潮。

(4) 为了防止场效应管栅极感应击穿,要求一切测试仪器、工作台、电烙铁、线路本身都必须有良好的接地;管脚在焊接时,先焊源极;在连入电路之前,管的全部引线端保持互相短接状态,焊接完后才把短接材料去掉;从元器件架上取下管时,应以适当的方式确保人体接地,如采用接地环等;当然,如果能采用先进的气热型电烙铁,焊接场效应管是比较方便的,并且确保安全;在未关断电源时,绝对不可以把管插入电路或从电路中拔出。以上安全措施在使用场效应管时必须注意。

(5) 在安装场效应管时,注意安装的位置要尽量避免靠近发热元件;为了防止管件振动,有必要将管壳体紧固起来;管脚引线在弯曲时,应当在大于根部尺寸 5 mm 处进行,以防止弯断管脚和引起漏气等。

对于功率型场效应管,要有良好的散热条件。因为功率型场效应管在高负荷条件下运用,必须设计足够的散热器,确保壳体温度不超过额定值,使器件长期稳定可靠地工作。

总之,确保场效应管安全使用,要注意的事项是多种多样的,采取的安全措施也是各种各样的。广大的专业技术人员,特别是广大的电子爱好者,都要根据自己的实际情况出发,采取切实可行的办法,安全有效地用好场效应管。

思考题

1. 如何用指针式万用表测量电位器？
2. 怎样判断电解电容器的正负极性？
3. 如何判断三极管的三个极和管型？
4. 在实际中三极管如何代换？
5. 如何用万用表测量发光二极管？
6. 如何用指针式万用表测量普通二极管的正、反向阻值及极性？
7. 怎样判断变压器的初级和次级绕组？
8. 如何用万用表判断开关的好坏和性能？
9. 在实际中集成电路是如何代换的？
10. 如何用指针式万用表测量石英晶体振荡器的好坏？
11. 如何利用资料查出二极管 IN5819、三极管 8550 的参数？

第 4 章　电子产品的焊接工艺

元器件检测完成之后,需要安装、焊接出实习电路,从图纸到实际电路装配要经过十分重要的装接工艺,由于装配不当会严重影响电路的性能,甚至造成元器件的损坏。因此,元器件的焊接、电路板的制作、整机结构布局等都是工艺实习的重要环节,也是培养电路工艺技能难得的训练机会,必须给予足够的重视。

4.1　元器件焊接的概念

焊接是金属连接的一种方法。利用金属件连接处的加热熔化和加压,以造成金属原子之间或分子之间的结合,从而使两种金属永久连接,形成第三种合金,这一过程称为焊接。在电子整机装配时,焊接则是将各元器件及引线实行电气连接的基本手段。在电子线路的装配中焊接工艺是十分重要的。一台电子整机中有很多焊点,这些焊点质量的好坏,对整机的电气性能、可靠性、稳定性、一次合格率有很大的影响。一个高质量的产品,除了要有合理的设计外,还必须靠良好的焊接作保障。因此,从事电子技术的工程技术人员必须掌握焊接技术。

焊接有手工焊、浸焊、波峰焊三种类型。手工焊适用于新产品的试制、小批量生产的产品、维护与修理等。

4.2　焊接工具及使用方法

1. 电烙铁

电烙铁是手工焊接电子元器件的主要工具,直接影响着焊接的质量。从电烙铁的结构上,可分为外热式和内热式两种。

不同种类的电烙铁,如图 4.1 所示。

2. 电烙铁的使用

电烙铁是进行手工焊接常用的工具,它是根据电流通过加热器件产生热量的原理而制成的。常用的电烙铁有普通电热丝电烙铁、温控电烙铁等。另外还有半自动送料电烙铁、超声波电烙铁、充电电烙铁等。下面着重介绍常用普通电烙铁。

(1) 电烙铁的结构及特点。

电烙铁根据加热方式的不同分为内热式和外热式两种。它的结构主要部分是烙铁头、烙铁芯和手柄。烙铁头用导热性能良好的紫铜制成,在云母绝缘的圆筒上绕电热丝制成烙铁芯。常用电烙铁按功率分,可分为 15 W、20 W、25 W、30 W、45 W、75 W、100 W、200 W、300 W、500 W 等。根据焊接点处的面积大小及散热的快慢决定选用烙铁的功率,一般电子线路焊接可选用 15~30 W,常用的是 20 W 普通电烙铁。

(2)烙铁头。

无铅焊接和有铅焊接烙铁头,如图 4.2 所示。

烙铁头的形状很多,根据用途的不同,焊点的大小、方位不同,可适当选择和整形。良好的烙铁头应表面平整、光亮、上锡良好。烙铁长期使用会损耗,且表面会受到焊剂和焊料腐蚀造成高低不平,需用锉刀修整后,重新上锡。

近几年来,电子产品生产中使用的无铅焊料,由此出现了无铅焊接的烙铁头。

图 4.1　不同种类的电烙铁

图 4.2　无铅焊接和有铅焊接烙铁头

① 烙铁头上锡。新烙铁或使用过的电烙铁,使用前用细锉刀将烙铁表面的氧化物清理干净,一般锉成 10°~15°的斜角或根据需要,锉成一定的形状。然后接通电源,一边加热一边涂上一层松香(或其他助焊剂),再用焊锡丝轻擦烙铁头,使烙铁均匀地涂上一层薄薄的锡,称为烙铁头上锡。

② 经常调节烙铁头的温度,防止"烧死",烙铁头经过长时间通电使用以后,因为加热过度,烙铁头被氧化,其工作面沾不上焊锡,要重新上锡处理。为了保护烙铁,在加热一定时间后(为 2~3 h),电烙铁断电冷却一会,清洁处理一下,然后继续加热使用。

③ 使用电烙铁时,不要使劲敲打,以免电热丝被震断而损坏。

3. 电烙铁的保养

电烙铁的常见故障、维护及其保养。

(1)电烙铁不热。

用万用表的欧姆挡测量插头的两端,如果表针不动,说明有断路故障。当插头本身没有断路故障时,即可卸下胶木柄,再用万用表测量烙铁芯的两根引线,如果表针仍不动,说明烙铁芯损坏,应更换新的烙铁芯。如果测量烙铁芯两根引线之间的电阻值为 2.5 kΩ 左右,说明烙铁芯没有损坏,故障出现在电源引线及插头上,多数故障为引线断路,插头中的接点断开。可进一步用万用表的"R×1"挡测量引线的电阻值,便可发现问题。更换烙铁芯的方法是:将固定烙铁芯引线螺丝松开,将引线卸下,把烙铁从连接杆中取出,然后将新的同规格烙铁芯插入连接杆,将引线固定在螺丝上,并注意将烙铁芯多余引线头剪掉,以防止两根引线短路。

(2) 烙铁头带电。

烙铁带电除前边所述的电源线错接在接地线的接线柱上的原因外，还有就是，当电源线从烙铁芯接线螺丝上脱落后，又碰到了接地线的螺丝上，从而造成烙铁头带电。这种故障最容易造成触电事故，并损坏元器件，因此要随时检查压线螺丝是否松动或丢失。

(3) 烙铁头不"吃锡"。

烙铁头经长时间使用后，就会因氧化而不沾锡，这就是"烧死"现象，也称为不"吃锡"。

当出现不"吃锡"的情况时，可用细砂纸或锉刀将烙铁头重新打磨或锉出新的工作面，然后重新镀上焊锡就可继续使用。

(4) 烙铁头出现凹坑。

当电烙铁使用一段时间后，烙铁头就会出现凹坑，或氧化腐蚀层，使烙铁头的工作面形状发生了变化。遇到此种情况时，可用锉刀将氧化层及凹坑锉掉，并锉成原来的形状，然后镀上锡，就可以重新使用了。

(5) 保养。

① 常用湿布、浸水海绵擦拭烙铁头，以保持烙铁头良好地挂锡，并可防止残留助焊剂对烙铁头的腐蚀。

② 进行焊接时，应采用松香或弱酸性助焊剂。

焊接完毕时，烙铁头上的残留焊锡应该继续保留，以防止再次加热时出现氧化层。

4. 其他常用工具

(1) 尖嘴钳。

尖嘴钳的主要作用是在连接点上夹持导线、元件引线和对元件引脚成型。使用时要注意，不允许用尖嘴钳装卸螺母、夹较粗的硬金属导线及其他硬物。尖嘴钳的塑料手柄破损后严禁带电操作。尖嘴钳头部是经过淬火处理的，不要在锡锅温度高的区域或其他高温的地方使用。

(2) 斜口钳。

斜口钳又称偏口钳、剪线钳，主要用于切断导线、剪掉元器件过长的引线。不要用偏口钳剪切螺钉和较粗的钢丝，以免损坏钳口。

(3) 镊子。

镊子的主要用途是摄取微小器件；在焊接时夹持被焊件以防止其移动和帮助散热；有的元件引脚上套的塑料管在焊接时会遇热收缩，也可用镊子将套管向外推动使之恢复到原来位置；它还可用来在装配件上网绕较细的线材，以及用来夹持蘸有汽油或酒精的小团棉纱以清洗焊点上的污物。

(4) 螺丝刀。

螺丝刀又称改锥、螺钉旋具，分为"＋"字形和"－"字形螺丝刀，主要用于拧动螺钉及调整元器件的可调部分。

(5) 刀具。

刀具主要用来刮去导线和元件引线上的绝缘物和氧化物，使之易于上锡。通常可使用钢锯条断面来清理绝缘物和氧化物。

（6）烙铁架。

为了便于放置电烙铁和焊剂，一般应配置烙铁架，如图4.3所示。烙铁架用木板或其他绝缘、耐热的板材作为主体，一端装上用粗铁丝或铁皮做成的支架，板面上可制成凹槽，以便放置焊锡和松香焊剂等。也可将焊锡丝绕在一个滚筒上，焊接时随用随放，既方便又不易丢失。

（7）常用工具。

实践中常用工具，如图4.4所示。

图4.3　烙铁架　　　　　　　　图4.4　常用工具

4.3　焊料和焊剂

1. 焊料

（1）焊料由易熔金属构成。焊接时焊料受热熔化，与母材金属结合连接在一起。焊料的选择是燃点低、凝结快、附着力强、坚固、电导率高而表面光洁。通常选用燃点在200℃的铅和锡的合金（锡的成分占63%、铅的成分占37%）作为焊料，称为焊锡（共晶焊锡，熔点183℃）。常见的焊锡，是将焊锡做成直径2～4 mm的管状，在管中注入松香就称为夹心焊锡丝。焊接时，不需要助焊剂。

（2）常用的焊锡有五种形状：① 块状（符号：I）；② 棒状（符号：B）③ 带状（符号：R）；④ 丝状（符号：W）；焊锡丝的直径（单位为 mm）有 0.5、0.8、0.9、1.0、1.2、1.5、2.0、2.3、2.5、3.0、4.0、5.0 等；⑤ 粉末状（符号：P）。块状及棒状焊锡用于浸焊、波峰焊等自动焊接机。丝状焊锡主要用于手工焊接。

2. 助焊剂和阻焊剂

（1）助焊剂。助焊剂是焊接时添加在焊接面上的化合物。焊剂是焊接时起除去氧化物和防止金属表面熔接过程中继续氧化作用。常用的焊剂有松香、松香酒精溶液（松香水，按1∶3比例配制）、氯化锌溶液或酸性焊膏等。在电子电路中，一般使用前两种，后两种有腐蚀和轻微导电的作用，一般用于金属的焊接或接触面较大的地线焊接。

（2）阻焊剂。阻焊剂是一种耐高温的涂料，可使焊接只在所需要焊接的焊点上进行，而将不需要焊接的部分保护起来。以防止焊接过程中的桥连，减少返修，节约焊料，使焊接时印制板受到的热冲击小，板面不易起泡和分层。阻焊剂的种类有热固化型阻焊剂、光敏阻焊剂及电子束辐射固化型等几种，目前常用的是光敏阻焊剂。

4.4 焊接操作步骤

1. 电烙铁的清洁与握法

（1）电烙铁的清洁。

焊接前首先将烙铁蘸上松香并在湿布上擦洗。焊接过程中烙铁头上的氧化物及污垢随时按上述方法清洁处理。新使用的烙铁头上必须上锡，烙铁头用的时间太长而严重腐蚀，则用锉刀进行修整并镀锡。

（2）电烙铁的握法。

电烙铁的握法有多种方式，因人而异，灵活掌握。焊接时用手肘支持桌面，使电烙铁对准元器件，不会在焊接过程中左右晃动而影响焊接质量。

2. 元器件的加工处理

元器件的加工，即称元器件的镀锡处理。焊接前用小刀或砂纸处理元器件的氧化层。导线剥头，多股线剥头后要捻紧镀锡。元器件及导线镀锡时，要从根部镀起。有的元器件生产厂家已镀银或进行过防氧化处理，则不需要上述过程，可直接进行焊接。

3. 焊接方式

一般焊接有以下两种方式。

（1）手工焊接技术。

① 焊接的手法。

A. 焊锡丝的拿法。经常使用电烙铁进行锡焊工作的技术人员，一般把成卷的焊锡丝拉直，然后截成一尺长左右的一段。在连续进行焊接时，焊锡丝的拿法应用左手的拇指、食指和小指夹住焊锡丝，用另外两个手指配合就能把焊锡丝连续向前送进。若不是连续焊接，焊锡丝的拿法也可采用其他形式，如图4.5所示。

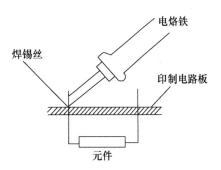

图4.5 焊锡丝的拿法

B. 电烙铁的握法。根据电烙铁的大小、形状和被焊件要求的不同，电烙铁的握法一般有三种形式：正握法、握笔法和反握法，如图4.6所示。握笔法适合于使用小功率的电烙铁和进行热容量小的被焊件的焊接。

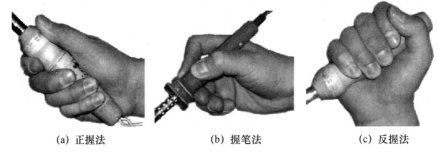

(a) 正握法　　　　　(b) 握笔法　　　　　(c) 反握法

图4.6　电烙铁的握法

（2）手工焊接的基本步骤。手工焊接时，常采用五步操作法。

① 准备。首先把被焊件、焊锡丝和电烙铁准备好，处于随时可焊的状态。

② 加热被焊件。把烙铁头放在接线端子和引线上进行加热。

③ 放上焊锡丝。被焊件经加热达到一定温度后，立即将手中的焊锡丝接触到被焊件上使之熔化适量的焊料。注意焊锡应加到被焊件上与烙铁头对称的一侧，而不是直接加到烙铁头上。

④ 移开焊锡丝。当焊锡丝熔化一定量后（焊料不能太多），迅速移开锡丝。

⑤ 移开电烙铁。当焊料的扩散范围达到要求后移开电烙铁。撤离电烙铁的方向和速度的快慢与焊接质量密切相关，操作时应特别留心仔细体会，不断总结经验。

五步操作法，如图4.7所示。

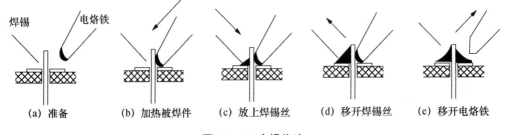

(a) 准备　　(b) 加热被焊件　　(c) 放上焊锡丝　　(d) 移开焊锡丝　　(e) 移开电烙铁

图4.7　五步操作法

五步操作法焊接要点：烙铁头保持清洁；烙铁头形状的选择；焊锡桥的运用；加热时间的控制；焊锡量的控制。

（3）焊接注意事项。在焊接过程中除应严格按照以上步骤操作外，还应特别注意以下几个方面。

① 烙铁的温度要适当。可将烙铁头放到松香上去检验，一般以松香熔化较快又不冒大烟的温度为适宜。

② 焊接的时间要适当。从加热焊料到焊料熔化并流满焊接点，一般应在1～3s之内完成。若时间过长，助焊剂完全挥发，就失去了助焊的作用，会造成焊点表面粗糙，且易使焊点氧化。但焊接时间也不宜过短，时间过短则达不到焊接所需的温度，焊料不能充分

熔化，易造成虚焊。一般以焊锡熔化成型后所用时间为准。

③ 焊料与焊剂的使用要适量。若使用焊料过多，则多余的会流入管座的底部，降低引脚之间的绝缘性；若使用的焊剂过多，则易在引脚周围形成绝缘层，造成引脚与管座之间的接触不良。反之，焊料和焊剂过少易造成虚焊。

④ 焊接过程中不要触动焊接点。在焊接点上的焊料未完全冷却凝固时，不应移动被焊元件及导线；否则焊点易变形，也可能会出现虚焊现象。焊接过程中也要注意不要烫伤周围的元器件及导线。

（2）拆焊。

在电子产品的焊接和维修过程中，经常需要拆换已经焊接好的元器件，这就是拆焊，也称为解焊。在实际操作中拆焊要比焊接困难得多，若拆焊不得法，很容易损坏元件或电路板上的焊盘及焊点。

① 拆焊的适用范围。误装误接的元器件和导线；在维修或检修过程中需更换的元器件；在调试结束后需拆除临时安装的元器件或导线等。

② 拆焊的原则与要求。不能损坏需拆除的元器件及导线；拆焊时不可以损坏焊点和印制板；在拆焊过程中不要乱拆和移动其他元器件，若确实需要移动其他元件，在拆焊结束后应做好复原工作。

③ 拆焊所用的工具。

A. 一般工具。拆焊可用一般电烙铁来进行，烙铁头不需要蘸锡，用烙铁使焊点的焊锡熔化时迅速用镊子拔下元件引脚，再对原焊点进行清理，使焊盘孔露出，以便安装元件用。用一般电烙铁拆焊时可利用其他辅助工具来进行，如吸锡器、排焊管、划针、针头（图4.8）等。

B. 专用工具。拆焊的专用工具是带有一个吸锡器的吸锡电烙铁，如图4.8所示，拆焊时先用它加热焊点，当焊点熔化时按下吸锡开关，焊锡就会被吸入烙铁内的吸管或锡囊内。此过程往往要进行几次，才能将焊点的焊锡吸干净。专用工具适用于集成电路、中频变压器等多引脚元件的拆焊。

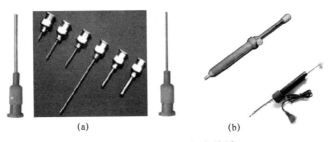

图4.8 针头和吸锡电烙铁

C. 在业余条件下，也可使用多股细铜线（如用做电源线的软导线），将其蘸上松香水，然后用电烙铁将其压在焊点上使其吸附焊锡，将吸足焊锡的导线夹掉，再重复以上工作也可将多引脚元件拆下。

④ 拆焊的操作要求。

A. 严格控制加热的时间和温度。因为拆焊过程较麻烦，需加热的时间较长，元件的温度比焊接时要高，所以要严格掌握好这一尺度，以免烫坏元器件或焊盘。

B. 掌握用力尺度。因为元器件的引脚封装都不是非常坚固的，拆焊时一定要注意用力的大小，不可过分用力拉扯元器件，以免损坏焊盘或元器件。

4. 印刷电路板的焊接

将元件成形后正面插入印刷板孔内,再翻一面,受元件引脚向外稍弯曲即定位,印刷电路板的焊接如图 4.9 所示。由于铜箔和印制电路板之间的结合强度、铜箔的厚度等原因,烙铁头的温度最好控制在 250～300℃之间,一般选用 20～40 W 的电烙铁,焊接时烙铁头不能对印刷板施加太大压力,以防止焊盘受压翘起。焊完后,从焊接点的根部用剪刀剪去多余的部分。

5. 接线柱、插座、接线片的焊接

导线或元件引线与接线柱、电位器的引线、插头插座的引出线等焊接时一般用绕焊和钩焊,接线柱、接线片的焊接如图 4.10 所示。将导线剥头留出 2 cm 左右裸线从根部镀锡,再将导线从根部在接线柱上绕两圈固定。如果是接线片或插座,同样方法去头镀锡,穿过接线孔或接线片孔,从根部绕 2～3 圈,固定好后再焊接上。这样进行焊接既容易焊接又美观、牢固,增加了导线连接的附着力。

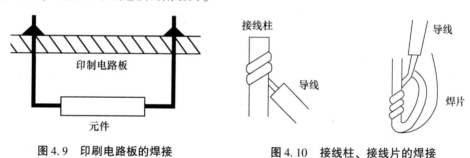

图 4.9　印刷电路板的焊接　　　　图 4.10　接线柱、接线片的焊接

6. 晶体管的焊接

晶体管的焊接一般是在其他元件焊好之后进行,焊接前先认清引脚,再将引脚剪到合适的长度,然后镀上锡。焊接安装时,用镊子或尖嘴钳夹住引脚进行焊接,以增加散热,同时焊接时间要短一些才好。

7. 集成芯片的焊接

由于集成芯片的引脚排列较密,焊点之间的孔距较近。一般把烙铁头稍锉小,便于焊接。将集成芯片的各引脚与印制板的孔位一一对应好,方能插入。这时一只手握电烙铁,另一只手拿住焊锡丝,先焊对角的两个引脚,以便固定住集成芯片,然后从上向下顺序进行焊接,焊锡丝要小,动作要快而准确,切勿将各引脚之间连接上而带来更大的麻烦。如果不小心,焊锡过多将两引脚黏结在一起了。则用电烙铁加热连接点,同时用镊子或划针(图 4.11)划去隔离被连接的两点,去掉多余焊锡而分离被连接的两引脚。

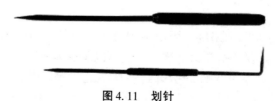

图 4.11　划针

思考题

1. 焊接的概念是什么？
2. 电烙铁根据加热方式可分为哪两种？
3. 什么是共晶焊锡？
4. 电烙铁的握法一般有几种形式？哪几种？
5. 如何焊接集成芯片？
6. 划针的作用是什么？

第 5 章　电子产品整机装配工艺

5.1　整机装配工艺过程

1. 整机装配工艺流程

整机装配工艺过程，即为整机的装接工序安排，就是以设计文件为依据，按照工艺文件的工艺规程和具体要求，把各种电子元器件、机电元件及结构件安装连接在印制电路板、机壳、面板等指定位置上，构成具有一定功能的、完整的电子产品的过程。

工艺过程根据产品的复杂程度、产量大小等方面的不同而有所区别。但总体来看，有装配准备、部件装配、整件调试、整机检验、包装入库等几个环节，整机装配工艺流程如图 5.1 所示。

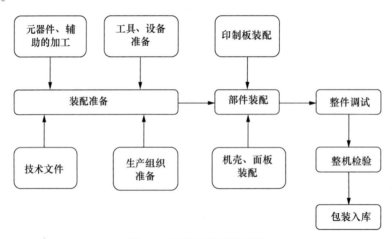

图 5.1　整机装配工艺流程

2. 流水线作业法

通常电子整机的装配是在流水线上通过流水作业的方式完成的。为提高生产效率、确保流水线连续均衡地移动，应合理编制工艺流程，使每道工序的操作时间（称节拍）相等。

流水作业虽然带有一定的强制性，但是由于工作内容简单，动作单纯，记忆方便，故能减少差错，提高功效，保证产品质量。

3. 整机装配的顺序和基本要求

（1）整机装配顺序与原则。

按组装级别来分，整机装配是按元件级、插件级、插箱板级和箱、柜级等顺序进行，整机装配顺序如图 5.2 所示。

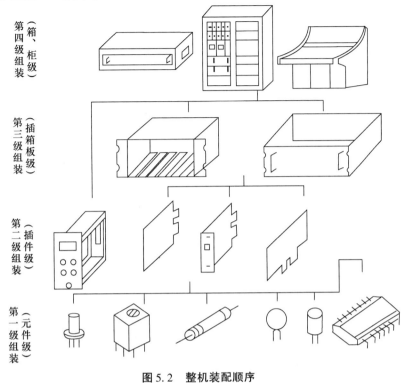

图 5.2　整机装配顺序

① 元件级：是最低的组装级别，其特点是结构不可分割。
② 插件级：用于组装和互联电子元器件。
③ 插箱板级：用于安装和互联的插件或印制电路板部件。
④ 箱、柜级：它主要通过电缆及连接器互联插件和插箱，并通过电源电缆送电构成独立的有一定功能的电子仪器、设备和系统。

整机装配的一般原则是：先轻后重，先小后大，先铆后装，先装后焊，先里后外，先下后上，先平后高，易碎易损坏后装，上道工序不得影响下道工序。

（2）整机装配的基本要求。
① 未经检验合格的装配件（零、部、整件）不得安装，已检验合格的装配件必须保持清洁。
② 认真阅读工艺文件和设计文件，严格遵守工艺规程。装配完成后的整机应符合图纸和工艺文件的要求。
③ 严格遵守装配的一般顺序，防止前后顺序颠倒，注意前后工序的衔接。
④ 装配过程不要损伤元器件，避免碰坏机箱和元器件上的涂覆层，以免损害绝缘性能。
⑤ 熟练掌握操作技能，保证质量，严格执行自检、互检和专职检验相结合的三级检验制度。

4．整机装配的特点及方法

（1）电子产品的组装特点。
电子产品的组装在电气上是以印制电路板为支撑主体的电子元器件的电路连接，在结构上是以组成产品的五金硬件和模型壳体,通过紧固件由内到外按一定顺序安装。电子产品属于技术密集型产品,组装电子产品的主要特点如下。

① 组装工作是由多种基本技术构成的。

② 装配操作质量难以分析。在多种情况下,都难以进行质量分析,如焊接质量的好坏通常以目测判断,刻度盘、旋钮等的装配质量多以手感鉴定等。

③ 进行装配工作的人员必须进行训练和挑选,不可随便上岗。

(2) 电子产品组装方法。

组装在生产过程中要占去大量时间,因为对于给定的应用和生产条件,必须研究几种可能的方案,并在其中选取最佳方案。目前,电子设备的组装方法从组装原理上可以分为功能法、组件法和功能组件法。

① 功能法。这种方法是将电子设备的一部分放在一个完整的结构部件内,该部件能完成变换或形成信号的局部任务(某种功能)。

② 组件法。这种方法是制造出一些外形尺寸和安装尺寸上都统一的部件,这时部件的功能完整性退居次要地位。

③ 功能组件法。这是兼顾功能法和组件法的特点,制造出既有功能完整性又有规范化的结构尺寸和组件。

5.2 印制电路板的组装

1. 印制电路板装配工艺

(1) 元器件在印制板上的安装方法。

元器件在印制板上的安装方法有手工安装和机械安装两种,前者简单易行,但效率低,误装率高;后者安装速度快,误装率低,但设备成本高,引线成形要求严格。一般有以下几种安装形式。

① 贴底安装。贴底安装的安装形式如图5.3所示,它适用于防震要求高的产品。元器件贴紧印制基板面,安装间隙小于1 mm。当元器件为金属外壳,安装表面又有印制导线时,应加垫绝缘衬垫或绝缘套管。

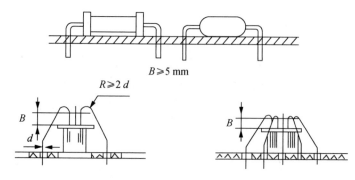

图5.3 贴底安装的安装形式

② 悬空安装。悬空安装的安装形式如图 5.4 所示，它适用于发热元件的安装。元器件距印制基板面要有一定的距离，安装距离一般为 3～10 mm。

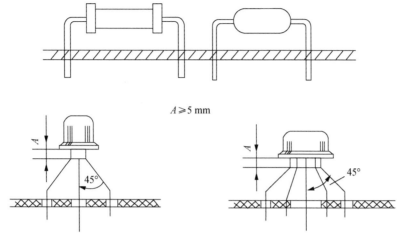

图 5.4　悬底安装的安装形式

③ 垂直安装。垂直安装的安装形式如图 5.5 所示，它适用于安装密度较高的场合。元器件垂直于印制基板面，但大质量细引线的元器件不宜采用这种形式。

④ 埋头安装。埋头安装的安装形式如图 5.6 所示。这种方式可提高元器件防震能力，降低安装高度。由于元器件的壳体埋于印制基板的嵌入孔内，因此又称为嵌入式安装。

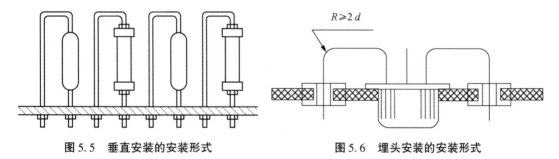

图 5.5　垂直安装的安装形式　　　　图 5.6　埋头安装的安装形式

⑤ 高度限制时的安装。高度限制时的安装的安装形式如图 5.7 所示。元器件安装高度的限制一般在图纸上是标明的，通常处理的方法是垂直插入后，再朝水平方向弯曲。对大型元器件要特殊处理，以保证有足够的机械强度，经得起振动和冲击。

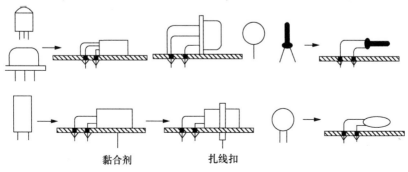

图 5.7　高度限制时的安装的安装形式

⑥ 支架固定安装。支架固定安装的安装形式如图 5.8 所示。这种方式适用于重量较大的元件，如小型继电器、变压器、扼流圈等，一般用金属支架在印制基板上将元件固定。

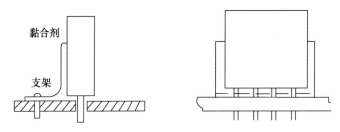

图 5.8　支架固定安装的安装形式

（2）元器件安装注意事项。

① 元器件插好后，其引线的外形有弯头时，要根据要求处理好，所有弯脚的弯折方向都应与铜箔走线方向相同，如图 5.9（a）所示。图 5.9（b）与图 5.9（c）所示的走线方向则应根据实际情况处理。

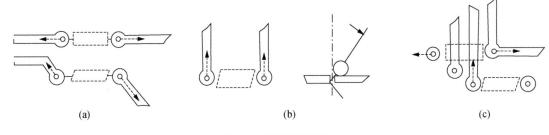

图 5.9　引线弯脚方向

② 安装二极管时，除注意极性外，还要注意外壳封装，特别是在玻璃壳体易碎、引线弯曲时易爆裂的情况下，在安装时可将引线先绕 1～2 圈再装。

③ 为了区别晶体管和电解电容等器件的正、负端，一般是在安装时，加带有颜色的套管以示区别，现在的电子产品中一般都不用这样去做了。

④ 大功率三极管一般不宜装在印制板上，因为它发热量大，易使印制板受热变形。

⑤ 元件整形后，按照国际规定，两引线间的跨距应为 2.54 mm 的整数倍（2.54 mm、5.08 mm、7.62 mm、10.16 mm 等），元件整形示例如图 5.10 所示。

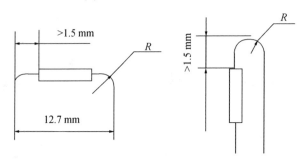

图 5.10　元件整形示例

2. 印制电路板组装工艺流程

(1) 手工装配工艺流程。

① 产品的样机试制阶段或小批量试生产时,印制板装配主要靠手工操作,即操作者把散装的元器件逐个安装焊接到印制基板上。

其操作顺序是:待装元件→引线整形→插件→调整位置→剪切引线→固定位置→焊接→检验。

对于这种操作方式,每个操作者都要从头装到结束,效率低,而且容易出差错。

② 对于设计稳定、大批量生产的产品,印制板装配工作量大,宜采用流水线装配。这种方式可大大提高生产效率,减少差错,提高产品合格率。

流水操作是把一次复杂的工作分成若干个简单的工序,每个操作者在规定的时间内完成指定的工作量(一般限定每人约 6 个元器件插件的工作量)。每拍元件(约 6 个)插入→全部元器件插入→一次性切割引线→一次性锡焊→检查。

③ 引线切割一般用专用设备割头机(砍腿机)一次切割完成,锡焊通常用波峰焊机完成。

(2) 自动装配工艺流程。

手工装配使用灵活方便,广泛应用于各道工序或各种场合,但速度慢,易出差错,效率低,不适应现代化生产的需要。尤其是对于设计稳定、产量大和装配工作量大而元器件又无须选配的产品,宜采用自动装配方式。

① 自动装配工艺流程。电路板自动装配工艺流程如图 5.11 所示。经过处理的元器件装在专用的传输带上,间断地向前移动,保证每一次有一个元器件进到自动装配机的装插头的夹具里。

② 自动装配对元器件的工艺要求。自动插装是在自动装配机上完成的,对元器件装配的一系列工艺措施都必须适合于自动装配的一些特殊要求,并不是所有的元器件都可以进行自动装配,在这里最重要的是采用标准元器件和尺寸。

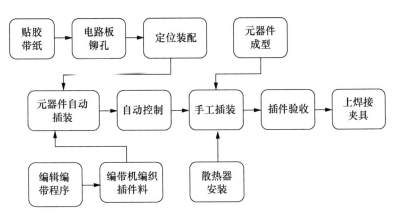

图 5.11 电路板自动装配工艺流程

5.3 整机调试与老化

1. 整机调试的内容和工艺

（1）调试工作的主要内容。

调试一般包括调整和测试两部分工作。整机内有电感线圈磁芯、电位器、微调可变电容器等可调元件，也有与电气指标有关的机械传动部分、调谐系统部分等可调部件。

调试的主要内容如下。

① 熟悉产品的调试目的和要求。

② 正确合理地选择和使用测试所需要的仪器仪表。

③ 严格按照调试工艺指导卡，对单元电路板或整机进行调试和测试。调试完毕，用封蜡、点漆的方法固定元器件的调整部位。

④ 运用电路和元器件的基础理论知识分析和排除调试中出现的故障，对调试数据进行正确处理和分析。

（2）整机调试的一般工艺。

电子整机因为各自的单元电路的种类和数量不同，所以在具体的测试程序上也不尽相同。通常调试的一般程序是：通电调试、调试电源、电路的调试、全参数测试、温度环境试验、整机参数复调。

① 通电调试。按调试工艺规定的接线图正确接线，检查测试设备、测试仪器仪表和被调试设备的功能选择开关、量程挡位及有关附件是否处于正确的位置。经检查无误后，方可开始通电调试。

② 调试电源。调试电源分三个步骤进行：电源的空载初调；等效负载下的细调；真实负载下的精调。

③ 电路的调试。电路的调试通常按各单元电路的顺序进行。

④ 全参数测试。经过单元电路的调试并锁定各可调元件后，应对产品进行全参数的测试。

⑤ 温度环境试验。温度环境试验用来考验电子整机在指定的环境下正常工作的能力，通常分为低温试验和高温试验两类。

⑥ 整机参数复调。在整机调试的全过程中，设备的各项技术参数还会有一定程度的变化，通常在交付使用前应对整机参数再进行复核调整，以保证整机设备处于最佳的技术状态。

2. 整机的通电老化

（1）通电老化的目的。

整机产品总装调试完毕后，通常要按一定的技术规定对整机实施较长时间的连续通电考验，即加电老化试验。加电老化的目的是通过老化发现并剔除早期失效的电子元器件，提高电子设备工作可靠性及使用寿命，同时稳定整机参数，保证调试质量。

（2）通电老化的技术要求。

整机通电老化的技术要求有温度、循环周期、积累时间、测试次数和测试间隔时间等几个方面。

① 温度。整机通电老化通常在常温下进行。有时需对整机中的单板、组合件进行部分的高温通电老化试验，一般分三级：40℃±2℃、55℃±2℃和70℃±2℃。

② 循环周期。每个循环连续通电时间一般为4 h，断电时间通常为0.5 h。

③ 积累时间。通电老化时间累计计算，积累时间通常为200 h，也可根据电子整机设备的特殊需要适当缩短或加长。

④ 测试次数。通电老化期间，要进行全参数或部分参数的测试，老化期间的测试次数应根据产品技术设计要求来确定。

⑤ 测试间隔时间。测试间隔时间通常设定为8 h、12 h和24 h三种，也可根据需要另定。

（3）通电老化试验大纲。

整机通电老化前应拟订老化试验大纲作为试验依据，老化试验大纲必须明确以下主要内容。

① 老化试验的电路连接框图。
② 试验环境条件、工作循环周期和累积时间。
③ 试验需用的设备和测试仪器仪表。
④ 测试次数、测试时间和检测项目。
⑤ 数据采集的方法和要求。
⑥ 通电老化应注意的事项。

（4）通电老化试验的一般程序。

① 按试验电路连接框图接线并通电。
② 在常温条件下对整机进行全参数测试，掌握整机老化试验前的数据。
③ 在试验环境条件下开始通电老化试验。
④ 按循环周期进行老化和测试。
⑤ 老化试验结束前再进行一次全参数测试，以作为老化试验的最终数据。
⑥ 停电后，打开设备外壳，检查机内是否正常。
⑦ 按技术要求重新调整和测试。

思考题

1. 电子产品的整机装配的顺序是什么？
2. 电子产品的整机装配的基本要求是什么？
3. 元器件在印制电路板上的安装方法有哪些？
4. 元件整形后，按照国际规定，两引线间的跨距应为多少？
5. 整机通电老化的目的是什么？

第6章 表面安装技术工艺、设备及元器件

电子系统的微型化和集成化是当代技术革命的重要标志,也是未来发展的重要方向。日新月异的各种高性能、高可靠、高集成、微型化、轻型化的电子产品,正在改变着世界,影响人类文明的进程。

安装技术是实现电子系统微型化和集成化的关键。20世纪70年代问世、80年代成熟的表面安装技术(Surface Mounting Technology,SMT),从元器件到安装方式,从PCB设计到连接方法都以全新面貌出现,它使电子产品体积缩小、重量变轻、功能增强、可靠性提高,推动信息产业高速发展。SMT已经在很多领域取代了传统的通孔安装技术(Through Hole Technology,THT),并且这种趋势还在发展,预计未来90%以上产品将采用SMT。

通过SMT实践,了解SMT的特点,熟悉它的基本工艺过程,掌握最起码的操作技能是跨进"电子科技大厦"的第一步。

6.1 表面安装技术简介

1. THT与SMT的安装和区别

(1) THT与SMT的安装,如图6.1所示。

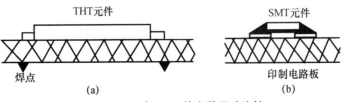

图6.1 THT与SMT的安装尺寸比较

(2) THT与SMT的区别,如表6.1所示。

表6.1 THT与SMT的区别

安装技术	年代	技术缩写	代表元器件	安装基板	安装方法	焊接技术
通孔安装技术	20世纪六七十年代	THT	晶体管,轴向引线元件	单、双面PCB	手工/半自动插装	手工焊、浸焊
	20世纪七八十年代		单、双列直插IC,轴向引线元件编带	单面及多层PCB	自动插装	波峰焊、浸焊、手工焊
表面安装技术	20世纪80年代开始	SMT	SMC、SMD片式封装VSI、VLSI	高质量SMB	自动贴片机	波峰焊、再流焊

2. SMT 主要特点

(1) 高密集。

SMC、SMD 的体积只有传统元器件的 1/10～1/3，可以装在 PCB 的两面，有效利用了印制板的面积，减轻了电路板的重量。一般采用了 SMT 后可使电子产品的体积缩小 40%～60%，重量减轻 60%～80%。

(2) 高可靠。

SMC 和 SMD 无引线或引线很短，重量轻，因而抗振能力强，焊点失效率可比 THT 至少降低一个数量级，大大提高产品可靠性。

(3) 高性能。

SMT 密集安装减小了电磁干扰和射频干扰，尤其高频电路中减小了分布参数的影响，提高了信号传输速度，改善了高频特性，使整个产品性能提高。

(4) 高效率。

SMT 更适合自动化大规模生产。采用计算机集成制造系统（CIMS）可使整个生产过程高度自动化，将生产效率提高到新的水平。

(5) 低成本。

SMT 使 PCB 面积减小，成本降低；无引线和短引线使 SMD、SMC 成本降低，安装中省去引线成型、打弯、剪线的工序；频率特性提高，减少调试费用；焊点可靠性提高，减小调试和维修成本。一般情况下，采用 SMT 后可使产品总成本下降 30% 以上。

3. SMT 工艺简介

SMT 有两种基本方式，主要取决于焊接方式。

(1) 采用波峰焊，如图 6.2 所示。

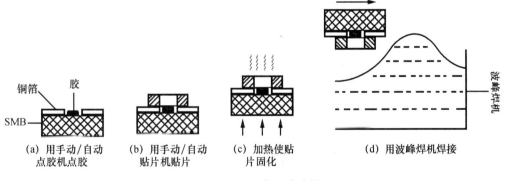

图 6.2 SMT 工艺（波峰焊）

波峰焊适合大批量生产，对贴片精度要求高，生产过程自动化程度要求也很高。

(2) 采用再流焊，如图 6.3 所示。

再流焊较为灵活，视配置设备的自动化程度，既可用于中小批量生产，又可用于大批量生产。

除了采用这两种基本方式外，有时则需根据产品实际情况将上述两种方法交替使用，即所谓的混合安装方式。

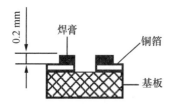 

(a) 在PCB上用印刷机印制焊膏　　(b) 用手动、半自动、自动贴片机贴片　　(c) 用再流焊机焊接

图 6.3　SMT 工艺（再流焊）

6.2　小型表面安装技术设备

1. 焊膏印刷机

焊膏印刷机如图 6.4 所示。
操作方式：手动。
最大印制尺寸：320 mm × 280 mm。
技术关键：定位精度；模板的制造。

2. 贴片安放设备

手工贴片安放设备：① 镊子拾取安放；② 真空吸笔安放，如图 6.5 所示。

3. 再流焊设备

台式自动再流焊机，电源电压 220 V/50 Hz，额定功率 2.2 kW，有效焊接区域尺寸 240 mm × 180 mm。三种台式自动再流焊机，如图 6.6 所示。
（1）加热方式：远红外 + 强制热风。
（2）工作模式：工艺曲线灵活设置，工作过程自动。
（3）标准工艺周期：约 4 min。

图 6.4　焊膏印刷机

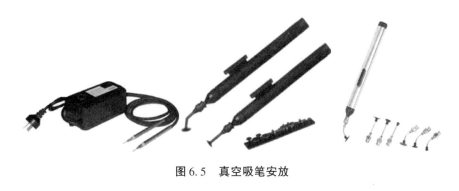

图 6.5 真空吸笔安放

图 6.6 三种台式自动再流焊机

6.3 表面安装技术焊接质量

1. SMT 典型焊点

SMT 焊接质量要求同 THT 基本相同,要求焊点的焊料的连接面呈半弓形凹面,焊料与焊件交界处平滑,接触角尽可能小,无裂纹、针孔、夹渣,表面有光泽且平滑。

由于 SMT 元器件尺寸小,安装精确度和密度高,焊接质量要求更高。另外还有一些特有缺陷,如立片(又称为曼哈顿)。

2. 常见 SMT 焊接缺陷

几种常见 SMT 焊接缺陷,用再流焊工艺时,焊盘设计和焊膏印制对控制焊接质量起关键作用。例如,"立片现象"主要是由两个焊盘上焊膏不均、一边焊膏太少甚至漏印而造成的。

6.4 表面安装技术贴片元器件封装类型的识别

封装类型是元件的外观尺寸和形状的集合,它是元件的重要属性之一。相同电子参数的元件可能有不同的封装类型。厂家按照相应封装标准生产元件以保证元件的装配使用和特殊用途。

由于封装技术日新月异且封装代码暂无唯一标准,本书只给出通用的电子元件封装类型和图示,与 SMT 工序无关的封装暂不涉及。

1. 常见 SMT 封装

常见 SMT 封装，如表 6.2 所示。

表 6.2 常见 SMT 封装

名称	缩写含义	备注
Chip	Chip	片式元件
MLD	Molded Body	模制本体元件
CAE	Aluminum Electrolytic Capacitor	有极性
MELF	Metal Electrode Face	两个金属电极
SOT	Small Outline Transistor	小型晶体管
TO	Transistor Outline	晶体管外形的贴片元件
OSC	Oscillator	晶体振荡器
XTAL	Crystal	两个引脚晶振
SOD	Small Outline Diode	小型二极管（相比插件元件）
SOIC	Small Outline IC	小型集成芯片
SOJ	Small Outline J-Lead	J 型引脚的小芯片
SOP	Small Outline Package	小型封装，也称为 SO、SOIC
DIP	Dual In-line Package	双列直插式封装，贴片元件
PLCC	Plastic Leaded Chip Carriers	塑料封装的带引脚的芯片载体
QFP	Quad Flat Package	四侧引脚扁平封装
BGA	Ball Grid Array	球形栅格阵列
QFN	Quad Flat No-lead	四方扁平无引脚器件
SON	Small Outline No-Lead	小型无引脚器件

通常封装材料为塑料、陶瓷。元件的散热部分可能由金属组成，元件的引脚分为有铅和无铅。

2. SMT 封装图示

SMT 封装图示，如表 6.3 所示。

3. 常见封装的含义

（1）BGA（Ball Grid Array）：球形栅格阵列。

BGA 封装是表面贴装型封装之一。在印刷基板的背面按阵列方式制作出球形凸点用以代替引脚，在印刷基板的正面装配 LSI 芯片，然后用模压树脂或灌封方法进行密封，也称为凸点阵列载体。引脚可超过 200，是多引脚 LSI 用的一种封装。封装本体也可做得比 QFP（四侧引脚扁平封装）小。例如，引脚中心距为 1.5 mm 的 360 引脚 BGA 仅为 31 mm 见方；而引脚中心距为 0.5 mm 的 304 引脚 QFP 为 40 mm 见方。而且 BGA 不用担心 QFP 那样的引脚变形问题。该封装是美国 Motorola 公司开发的，首先在便携式电话、手机等通信设备中被采用。

表6.3 SMT 封装图示

名称	图示	常用于	备注
Chip		电阻，电容，电感	—
MLD		钽电容，二极管	—
CAE		铝电解电容	—
MELF		圆柱形玻璃二极管，电阻	—
SOT	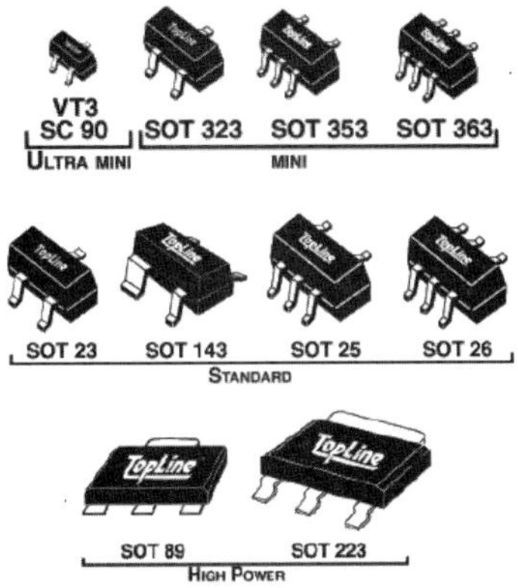	三极管，场效应管	JEDEC（TO）EIAJ（SC）
TO	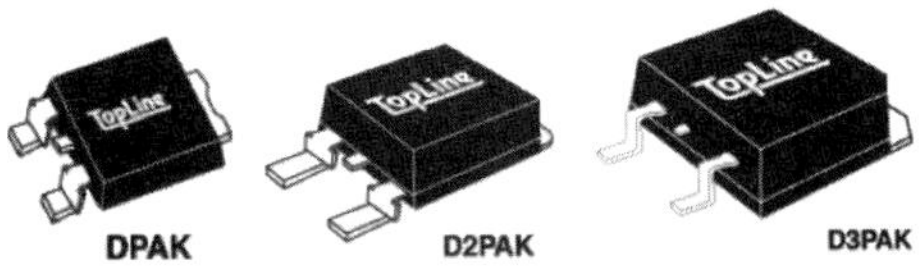	电源模块	JEDEC（TO）
OSC		晶振	—
XTAL		晶振	—
SOD		二极管	JEDEC

续表

名称	图示	常用于	备注
SOIC		芯片，座子	—
SOP	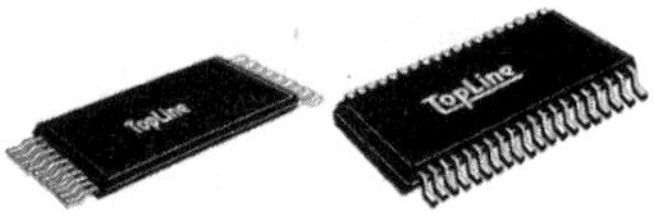	芯片	前缀： S：Shrink T：Thin
SOJ		芯片	—
PLCC		芯片	含LCC座子（SOCKET）
DIP		变压器，开关	—
QFP		芯片	—
BGA		芯片	塑料：P 陶瓷：C
QFN		芯片	—
SON		芯片	—

(2) DIL (Dual In-Line)：DIP 的别称。欧洲半导体厂家多用此名称。

(3) DIP (Dual In-line Package)：双列直插式封装。引脚从封装两侧引出，封装材料有塑料和陶瓷两种。DIP 应用范围包括标准逻辑 IC、存储器 LSI、微机电路等。引脚中心距 2.54 mm，引脚数从 6 到 64。封装宽度通常为 15.2 mm。有的把宽度为 7.52 mm 和 10.16 mm 的封装分别称为 skinny DIP 和 slim DIP（窄体型 DIP）。但多数情况下并不加区分，只简单地统称为 DIP。

(4) Flip-Chip：倒焊芯片。裸芯片封装技术之一，在 LSI 芯片的电极区制作好金属凸点，然后把金属凸点与印刷基板上的电极区进行压焊连接。封装的占有面积基本上与芯片尺寸相同，是所有封装技术中体积最小、最薄的一种。但如果基板的热膨胀系数与 LSI 芯片不同，就会在接合处产生反应，从而影响连接的可靠性。因此，必须用树脂来加固 LSI 芯片，并使用热膨胀系数基本相同的基板材料。

(5) LCCC (Leadless Ceramic Chip Carrier)：无引脚芯片载体。LCC 封装是指陶瓷基板的四个侧面只有电极接触而无引脚的表面贴装型封装，是高速和高频 IC 用封装，也称为陶瓷 QFN 或 QFN-C（见 QFN）。

(6) PLCC (Plastic Leaded Chip Carrier)：塑料封装的带引脚的芯片载体。引脚从封装的四个侧面引出，呈"J"字形，是塑料制品。美国德克萨斯仪器公司首先在 64 kb DRAM 和 256 kb DRAM 中采用，现在已经普及用于逻辑 LSI、DLD（或称逻辑器件）等电路。引脚中心距 1.27 mm，引脚数从 18 到 84。"J"形引脚不易变形，比 QFP 容易操作，但焊接后的外观检查较为困难。PLCC 与 LCCC（也称 QFN）相似。以前，两者的区别仅在于前者用塑料，后者用陶瓷。但现在已经出现用陶瓷制作的"J"形引脚封装和用塑料制作的无引脚封装（标记为塑料 LCCC、PCLP、P-LCC 等），已经无法分辨。为此，日本电子机械工业会于 1988 年决定，把从四侧引出"J"形引脚的封装称为 QFJ、把在四侧带有电极凸点的封装称为 QFN（见 QFJ 和 QFN）。

(7) QFN (Quad Flat non-Leaded Package)：四方扁平无引脚封装。现在多称为 LCCC。QFN 是日本电子机械工业会规定的名称。封装四边配置有电极触点，由于无引脚，贴装占有面积比 QFP 小，高度比 QFP 低。但是，当印刷基板与封装之间产生应力时，在电极接触处就不能得到缓解。因此，电极触点难于做到 QFP 的引脚那样多，一般从 14 到 100。材料有陶瓷和塑料两种。当有 LCCC 标记时基本上都是陶瓷 QFN，电极触点中心距 1.27 mm。塑料 QFN 是以玻璃环氧树脂印刷基板基材的一种低成本封装，电极触点中心距除 1.27 mm 外，还有 0.65 mm 和 0.5 mm 两种，这种封装也称为塑料 LCCC、PCLC、PLCC 等。

(8) QFP (Quad Flat Package)：四侧引脚扁平封装。表面贴装型封装之一，引脚从四个侧面引出呈海鸥翼（L）形。基材有陶瓷、金属和塑料三种。从数量上看，塑料封装占其中绝大部分。当没有特别表示出材料时，多数情况为塑料 QFP。塑料 QFP 是最普及的多引脚 LSI 封装。不仅用于微处理器，门阵列等数字逻辑 LSI 电路，而且也用于 VTR 信号处理、音响信号处理等模拟 LSI 电路。

引脚中心距有 1.0 mm、0.8 mm、0.654 mm、0.5 mm、0.4 mm、0.3 mm 等多种规格。0.65 mm 中心距规格中最多引脚数为 304。日本将引脚中心距小于 0.65 mm 的 QFP 称为 QFP (FP)。但现在日本电子机械工业会对 QFP 的外形规格进行了重新评价，在引脚中心距上不加区别，而是根据封装本体厚度分为 QFP（2.0～3.6 mm 厚）、LQFP（1.4 mm 厚）和 TQFP（1.0 mm 厚）三种。另外，有的 LSI 厂家把引脚中心距为 0.5 mm 的 QFP 专门称为收缩型 QFP 或 SQFP、VQFP。但有的厂家把引脚中心距为 0.65 mm 及 0.4 mm 的 QFP 也称为 SQFP，使名称稍有一些混乱。

QFP 的缺点是，当引脚中心距小于 0.65 mm 时，引脚容易弯曲。为了防止引脚变形，现已出现了几种改进的 QFP 品种。如封装的四个角带有树脂缓冲垫的 BQFP（见 BQFP）；带树脂保护环覆盖引脚前端的 GQFP（见 GQFP）；在封装本体里设置测试凸点、放在防止引脚变形的专用夹具里就可进行测试的 TPQFP（见 TPQFP）。在逻辑 LSI 方面，不少开发品和高可靠品都封装在多层陶瓷 QFP 里。引脚中心距最小为 0.4 mm、引脚数最多为 348 的产品也已问世。此外，也有用玻璃密封的陶瓷 QFP（见 Gerard）。

（9）SO（Small Out-line）：SOP 的别称。世界上很多半导体厂家都采用此别称。

（10）SOIC（Small Out-line IC）：SOP 的别称（见 SOP）。

（11）SOJ（Small Out-line J-leaded Package）：J 形引脚小外型封装。引脚从封装两侧引出向下呈"J"形，故此得名。通常为塑料制品，多数用于 DRAM 和 SRAM 等存储器 LSI 电路，但绝大部分是 DRAM。用 SOJ 封装的 DRAM 器件很多都装配在 SIMM 上。引脚中心距 1.27 mm，引脚数从 20 至 40（见 SIMM）。

（12）SOP（Small Out-line Package）：小型封装。引脚从封装两侧引出呈海鸥翼状（L 形）。材料有塑料和陶瓷两种，另外也称为 SOL 和 DFP。SOP 除了用于存储器 LSI 外，也广泛用于规模不太大的 ASSP 等电路。在输入、输出端子不超过 10~40 的领域，SOP 是普及最广的表面贴装封装。引脚中心距 1.27 mm，引脚数为 8~44。另外，引脚中心距小于 1.27 mm 的 SOP 也称为 SSOP；装配高度不到 1.27 mm 的 SOP 也称为 TSOP（见 SSOP、TSOP）。还有一种带有散热片的 SOP。

（13）SOW［Small Outline Package（Wide-Type）］宽体 SOP。部分半导体厂家采用的名称。

4. 常见 SMT 电子元件位号缩写

以公司产品元件表为例，下面列出常见的元件类型及位号缩写。
（1）电阻：片式电阻，缩写为 R。
（2）电容：片式电容，缩写为 C。
（3）电感：片式电感，线圈，熔断器，缩写为 L。
（4）晶体管：电流控制器件，如三极管，缩写为 T。
（5）场效应管：电压控制器件，缩写为 T。
（6）二极管：片式发光二极管（LED），玻璃二极管，缩写为 D。
（7）电源模块：缩写为 ICP。
（8）晶振：缩写为 OSC、VOC。
（9）变压器：缩写为 TR。
（10）芯片：缩写为 IC。
（11）开关：缩写为 SW。
（12）连接器：缩写为 ICH、TRX、XS、JP 等。

6.5 贴片电阻的标称值和换算值

微型贴片电阻上的代码一般标为 3 位数或 4 位数，3 位数的精度为 5%，4 位数的精度为 1%，根据精度要求挑选合适的代码类型。

（1）代码为 3 位数、精度 5% 数字代码等于电阻阻值，如表 6.4 所示。

表 6.4　代码为 3 位数、精度 5% 数字代码等于电阻阻值

代码为 3 位数、精度 5% 数字代码等于电阻阻值	代码为 3 位数、精度 5% 数字代码等于电阻阻值	代码为 3 位数、精度 5% 数字代码等于电阻阻值	代码为 3 位数、精度 5% 数字代码等于电阻阻值
1R1 = 0.1 Ω	R22 = 0.22 Ω	R33 = 0.33 Ω	R47 = 0.47 Ω
R68 = 0.68 Ω	R82 = 0.82 Ω	1R0 = 1 Ω	1R2 = 1.2 Ω
2R2 = 2.2 Ω	3R3 = 3.3 Ω	4R7 = 4.7 Ω	5R6 = 5.6 Ω
6R8 = 6.8 Ω	8R2 = 8.2 Ω	100 = 10 Ω	120 = 12 Ω
150 = 15 Ω	180 = 18 Ω	220 = 22 Ω	270 = 27 Ω
330 = 33 Ω	390 = 39 Ω	470 = 47 Ω	560 = 56 Ω
680 = 68 Ω	820 = 82 Ω	101 = 100 Ω	121 = 120 Ω
151 = 150 Ω	181 = 180 Ω	221 = 220 Ω	271 = 270 Ω
331 = 330 Ω	391 = 390 Ω	471 = 470 Ω	561 = 560 Ω
681 = 680 Ω	821 = 820 Ω	102 = 1 kΩ	122 = 1.2 kΩ
152 = 1.5 kΩ	182 = 1.8 kΩ	222 = 2.2 kΩ	272 = 2.7 kΩ
332 = 3.3 kΩ	392 = 3.9 kΩ	472 = 4.7 kΩ	562 = 5.6 kΩ
682 = 6.8 kΩ	822 = 8.2 kΩ	103 = 10 kΩ	123 = 12 kΩ
153 = 15 kΩ	183 = 18 kΩ	223 = 22 kΩ	273 = 27 kΩ
333 = 33 kΩ	393 = 39 kΩ	473 = 47 kΩ	563 = 56 kΩ
683 = 68 kΩ	823 = 82 kΩ	104 = 100 kΩ	124 = 120 kΩ
154 = 150 kΩ	184 = 180 kΩ	224 = 220 kΩ	274 = 270 kΩ
334 = 330 kΩ	394 = 390 kΩ	474 = 470 kΩ	564 = 560 kΩ
684 = 680 kΩ	824 = 820 kΩ	105 = 1 MΩ	125 = 1.2 MΩ
155 = 1.5 MΩ	185 = 1.8 MΩ	225 = 2.2 MΩ	275 = 2.7 MΩ
335 = 3.3 MΩ	395 = 3.9 MΩ	475 = 4.7 MΩ	565 = 5.6 MΩ
685 = 6.8 MΩ	825 = 8.2 MΩ	106 = 10 MΩ	

(2) 代码为 4 位数、精度 1% 数字代码等于电阻阻值,如表 6.5 所示。

表 6.5 代码为 4 位数、精度 1% 数字代码等于电阻阻值

代码为 4 位数、精度 1% 数字代码等于电阻阻值	代码为 4 位数、精度 1% 数字代码等于电阻阻值	代码为 4 位数、精度 1% 数字代码等于电阻阻值	代码为 4 位数、精度 1% 数字代码等于电阻阻值
0000 = 0 Ω	00R1 = 0.1 Ω	0R22 = 0.22 Ω	0R47 = 0.47 Ω
0R68 = 0.68 Ω	0R82 = 0.82 Ω	1R00 = 1 Ω	1R20 = 1.2 Ω
2R20 = 2.2 Ω	3R30 = 3.3 Ω	6R80 = 6.8 Ω	8R20 = 8.2 Ω
10R0 = 10 Ω	11R0 = 11 Ω	12R0 = 12 Ω	13R0 = 13 Ω
15R0 = 15 Ω	16R0 = 16 Ω	18R0 = 18 Ω	20R0 = 20 Ω
24R0 = 24 Ω	27R0 = 27 Ω	30R0 = 30 Ω	33R0 = 33 Ω
36R0 = 36 Ω	39R0 = 39 Ω	43R0 = 43 Ω	47R0 = 47 Ω
51R0 = 51 Ω	56R0 = 56 Ω	62R0 = 62 Ω	68R0 = 68 Ω
75R0 = 75 Ω	82R0 = 82 Ω	91R0 = 91 Ω	1000 = 100 Ω
1100 = 110 Ω	1200 = 120 Ω	1300 = 130 Ω	1500 = 150 Ω
1600 = 160 Ω	1800 = 180 Ω	2000 = 200 Ω	2200 = 220 Ω
2400 = 240 Ω	2700 = 270 Ω	3000 = 300 Ω	3300 = 330 Ω
3600 = 360 Ω	3900 = 390 Ω	4300 = 430 Ω	4700 = 470 Ω
5100 = 510 Ω	5600 = 560 Ω	6200 = 620 Ω	6800 = 680 Ω
7500 = 750 Ω	8200 = 820 Ω	9100 = 910 Ω	1001 = 1 kΩ
1101 = 1.1 kΩ	1201 = 1.2 kΩ	1301 = 1.3 kΩ	1501 = 1.5 kΩ
5601 = 5.6 kΩ	6201 = 6.2 kΩ	6801 = 6.8 kΩ	7501 = 7.5 kΩ
8201 = 8.2 kΩ	9101 = 9.1 kΩ	1002 = 10 kΩ	1102 = 11 kΩ
1202 = 12 kΩ	1302 = 13 kΩ	1502 = 15 kΩ	1602 = 16 kΩ
1802 = 18 kΩ	2002 = 20 kΩ	2202 = 22 kΩ	2402 = 24 kΩ
3002 = 30 kΩ	3303 = 33 kΩ	3602 = 36 kΩ	3902 = 39 kΩ
4302 = 43 kΩ	4702 = 47 kΩ	5102 = 51 kΩ	5602 = 56 kΩ
6202 = 62 kΩ	6802 = 68 kΩ	7502 = 75 kΩ	8202 = 82 kΩ
9102 = 91 kΩ	1003 = 100 kΩ	1103 = 110 kΩ	1203 = 120 kΩ
1303 = 130 kΩ	1503 = 150 kΩ	1603 = 160 kΩ	1803 = 180 kΩ
2003 = 200 kΩ	2203 = 220 kΩ	2403 = 240 kΩ	2703 = 270 kΩ
3003 = 300 kΩ	3303 = 330 kΩ	3603 = 360 kΩ	3903 = 390 kΩ
4303 = 430 kΩ	4703 = 470 kΩ	5103 = 510 kΩ	5603 = 560 kΩ
6303 = 630 kΩ	6803 = 680 kΩ	7503 = 750 kΩ	8203 = 820 kΩ
9103 = 910 kΩ	1004 = 1 MΩ	1104 = 1.1 MΩ	1204 = 1.2 MΩ
1304 = 1.3 MΩ	1504 = 1.5 MΩ	1604 = 1.6 MΩ	1804 = 1.8 MΩ
2004 = 2 MΩ	2204 = 2.2 MΩ	2404 = 2.4 MΩ	2704 = 2.7 MΩ
3004 = 3 MΩ	3304 = 3.3 MΩ	3604 = 3.6 MΩ	3904 = 3.9 MΩ
4304 = 4.3 MΩ	4704 = 4.7 MΩ	5104 = 5.1 MΩ	5604 = 5.6 MΩ
6204 = 6.2 MΩ	6804 = 6.8 MΩ	7504 = 7.5 MΩ	8204 = 8.2 MΩ
9104 = 9.1 MΩ	1005 = 10 MΩ		

(3) 常见贴片元件识别，如表6.6所示。

表6.6 常见贴片元件识别

序号	元器件	元件识别	相关知识
1	电阻		(1) 标称阻值识别：取前两位为有效值，第三位为 10^n。（如473为 $47 \times 10^3 = 47\,k\Omega$），对于以 "×R×" 表示的电阻，其单位为 Ω（如2R2为 $2.2\,\Omega$）；除特殊电阻值外其他标称电阻值符合 E24（1.0/1.1/1.2/1.3/1.5/1.6/1.8/2.0/2.2/2.4/2.7/3.0/3.3/3.6/3.9/4.3/4.7/5.1/5.6/6.2/6.8/7.5/8.2/9.1 为基数的 10^n 的倍率） (2) 允许偏差一般在 ±5% (3) 封装形式有：1206、0805、0603 等 (4) 封装大小的不同，功率大小不同 (5) Ω（欧）、$k\Omega$（千欧）、$M\Omega$（兆欧）
2	瓷片电容		(1) 封装形式：一般为 1206/0805/0603 等 (2) 贴片封装的电容单位一般为 F（法）、mF（毫法）、μF（微法）、nF（纳法）、pF（微微法、皮法）
3	二极管		(1) 特性：具有单向导通性（以箭头指向方向导通） (2) 分类：分低压开关系列（4148）、耐高压系列（如4000系列 4001、4002 等）及速恢复系列（HER105 等） (3) 不同型号其耐压值及可通过电流一般不同
4	场效应管		(1) 分三个电极：源极（S）、栅极（G）、漏极（D），其中栅极为控制极 (2) 容易产生静电击穿 (3) 分 N 沟道与 P 沟道 (4) 与三极管封装相同
5	三极管		(1) 三极管分类：分为 PNP 型（9011、9012、8550 等）及 NPN 型（9013、9014、8050 等），型号不同功用不同（应注意区分） (2) 大功率的贴片三极管也有类似于三端稳压模块封装。 (3) 三极分别为：基极（控制极、B 基）、集电极（C 基）、发射极（E 基）
6	钽电解电容		(1) 封装形式：7532、6032、3528 (2) 贴片封装的电容单位一般为 nF (3) 有一横的一端为正极 (4) 钽电容的特点是寿命长、耐高温、准确度高、滤高频波性能极好、有一定的自恢复能力 (5) 耐电压及电流能力较弱
7	三端升压模块		(1) 三端升压模块一般加散热片 (2) 型号不同其输出电压一般不同 (3) 其封装形式一般与三端稳压模块相同 (4) 其作用是提升电压，通常配合电感使用 (5) 其归属于电源模块

续表

序号	元器件	元件识别	相关知识
8	三端稳压模块		(1) 三端稳压模块一般加有散热片 (2) 型号不同其输出电压一般不同 (3) 有正电压（78××系列等）及负电压（79××系列等）三端稳压模块之分 (4) 对于常用的78××及79××系列后两位数一般表示其输出电压（如7806输出电压为6 V） (5) 其归属于电源模块
9	自恢复保险		(1) 当电路电流过大时能断开或呈现高阻态，已达到保护电路的目的 (2) 当电路故障排除或温度下降时，又能正常导通电路 (3) 其反应时间较普通保险丝慢
10	稳压二极管		(1) 稳压二极管是利用二极管的反向击穿特性工作的，所以其在电路中是以正对正、负对负连接 (2) 为区别于开关二极管和稳压二极管的极性线，一般采用区别于二极管的蓝色 (3) 稳压二极管的稳压值一般是直接标注在其封装表面
11	发光二极管		(1) 光通量单位为流明（lm），强度单位为勒克斯（lx） (2) 贴片发光二极管有缺口的一边为负极 (3) 冷暖色调： 冷色调，黑、灰、茄子蓝、深褐色、墨绿、紫等，在视觉上有收缩的作用 暖色调，粉红、红色、橙色、黄色等
12	集成芯片		(1) 将IC引脚有缺口或圆点的一端朝左，左下角为1引脚，逆时针方向依次为2，3，4，… (2) 不同的芯片作用不同，有些芯片内部为多个逻辑门或多个运放单元的集成（例如，LM358是集成了2个运放，LM324是集成了4个运放） (3) 有些芯片是智能可编程控制芯片，也称为单片机或CPU

思考题

1. THT与SMT的安装和区别有哪些？
2. SMT的主要特点是什么？
3. BGA的含义是什么？
4. 什么是倒焊芯片？

第7章 印制电路板的设计与制作

7.1 印制电路板设计的基本原则和要求

7.1.1 印制电路板的组成

印制电路板（简称PCB）是指具有一定尺寸和形状的，以绝缘有机材料为基材，其中至少有一面铜箔构成的导电图形和若干孔的电路板。

一块完整的电路板有以下五部分组成。

(1) 绝缘基材。一般由酚醛纸基、环氧纸基或环氧玻璃布制成。

(2) 铜箔面。铜箔面由裸露的焊盘和被阻焊剂覆盖的铜箔组成，为电路板的主体，用于焊盘与焊接电子元器件引脚。

(3) 绿油面（阻焊剂）。保护铜箔线路的阻焊面，由耐高温的阻焊剂和固化剂制成。

(4) 丝印面（白色油漆面）。用于标注元器件的编号和符号，便于电路板加工时电路识别，一般由白色油漆和固化剂制成。

(5) 孔。

① 元件孔：用于安装电子元器件。

② 工艺孔：用于基板加工。

③ 机械化孔：用于产品装配安装。

④ 金属化孔：用于电路板A（正面）、B（反面）两面的铜箔线路之间的电气连接。

7.1.2 印制电路板的分类

(1) 单面板。仅一面有导电图形的印制电路板；成本低，主要用于民用。

(2) 双面板。两面都有导电图形的印制电路板；成本高，主要用于性能要求较高的通信、计算机等产品。

(3) 多层板。一般有四层以上导电图形的印制电路板。一般由交替的导电图形和绝缘材料层层压黏合而成的电路板，层间电路通过金属化孔互连。多层板的成本极高，制作工艺复杂，主要用于要求较高且体积受限的复杂电子产品。

7.1.3 布线图的设计原则

首先，需要完全了解所选用元器件及各种插座的规格、尺寸、面积等。当合理、仔细地考虑各部件的位置安排时，主要是从电磁场兼容性、抗干扰的角度、走线要短、交叉要少、电源和地线的路径及去耦等方面考虑。各部件位置定出后，就是各部件的连线，按照电路图连接有关引脚，完成的方法有计算机辅助设计（CAD）与手工设计两种。

确定印制电路板所需的尺寸和根据原理图，将各个元器件位置初步确定下来，然后经过不断调整使布局更加合理，印刷电路板中各元件之间的接线安排方式如下。

（1）印刷电路中不允许有交叉电路，对于可能交叉的线条，可以用"钻""绕"两种办法解决，即让某引线从别的电阻、电容、三极管引脚下的空隙处"钻"过去，或从可能交叉的某条引线的一端"绕"过去，在特殊情况下如果电路很复杂，为简化设计也允许用导线跨接，解决交叉电路问题。

（2）电阻、二极管、管状电容器等元件有"立式"和"卧式"两种安装方式。立式元件节省空间；卧式元件安装的机械强度较好，但要注意两者在印制电路板上的元件孔距是不一样的。

（3）较重的元件要使用固定支架，不能仅靠焊盘来固定。

（4）同一级电路的接地点应尽量靠近，并且本级电路的电源滤波电容也应接在该级接地点上。特别是本级晶体管基极、发射极的接地点应采用"一点接地法"消除自激。

（5）总地线必须严格按高频-中频-低频、按弱电到强电的顺序排列原则，切不可随便乱接，级与级之间的接线可长一些，特别是变频头、再生头、调频头等高频电路常采用大面积包围式地线，以保证有良好的屏蔽效果。

（6）强电流引线应尽可能宽些，以降低布线电阻及其电压降。

（7）阻抗高的走线尽量短，阻抗低的走线可长一些。

（8）需调节的元器件，如电位器、可变电容、可调电感等要安放在易于调节的位置。

（9）留出固定电路板螺钉孔的位置，元器件距板边一般不少于 2 mm。

（10）合理设计焊盘尺寸，注意焊盘孔和元器件引脚的配合，以保证元器件的焊接工艺良好和正常安装。一般孔的内径比元器件引脚直径大 0.3 mm 即可。

7.1.4 印制电路板布线的基本原则

1. 导线布局原则

导线布局应遵循先信号线，后地线和电源线的原则进行。

2. 连线宽度的选择

根据电流大小确定连线（铜箔）宽度，经验数据如下。
（1）信号线宽：0.3 mm 左右。
（2）集成电路线宽：0.2～0.3 mm。
（3）电源线和地线：尽可能地加宽。

3. 连线的处理

（1）在印制电路板布线时，连线应尽可能地短，对于单面板，当布线出现困难时，可采用跳线，但跳线要合理，不宜多。

(2) 在印制电路板布线时，连线的拐弯处应采用圆弧或45°，避免用直角。

(3) 在印制电路板布线时，要注意印制板连线的线间屏蔽。

(4) 当连线宽度超过 3 mm 时，最好在连线中间开槽成两根并联线。为大面积铜箔时，应做成大面积栅格状布铜。

4. 输入输出线的处理

在印制电路板布线时，输入线与输出线应避免相邻或平行。双面板中 A、B 面布线应尽量互相垂直。

5. 线间距

在印制电路板布线时，线间距离通常为 1~1.5 mm，以避免线间击穿。经验数据为：间距 1 mm，绝缘电阻超过 100 MΩ，允许工作电压 200 V；间距 1.5 mm，绝缘电阻超过 100 MΩ，允许工作电压 300 V。

6. 焊盘

(1) 焊盘内径：一般采用直径 0.8 mm，外径为（内径 + 1.3）mm。

(2) 焊盘中心孔要比器件引线直径稍大一些。一般焊盘外径 $D \geq (d + 1.2)$ mm，其中 d 为引线孔径。对高密度数字电路，焊盘最小直径可取 $D = (d + 1.0)$ mm。

(3) 一般通孔安装元件的焊盘大小为孔径的 2 倍，双面板最小为 1.5 mm，单面板最小为 2.0 mm，建议采用 2.5 mm。

(4) 焊盘一般有圆形焊盘、方形焊盘、岛形焊盘、设计的焊盘等几类。

(5) 焊盘与板边的最小距离为 4 mm。

7. 印制导线的间距

导线的最小间距主要是由最恶劣情况下导线间的绝缘电阻和击穿电压决定的。一般导线等于导线宽度，不小于 1 mm。铜箔最小间隙：单面板为 0.30 mm；SMT 印制电路板的间距为 0.12~0.30 mm。

8. 元器件的排列方式

元器件在印制电路板上的排列方式有两种：不规则排列和规则排列。不规则排列适用于高频电路，可以减少印制导线的长度和分布参数，但不利于自动插装。规则排列整齐，自动插装率高，但引线一般较长。

9. 定位孔

定位孔一般按对角设计，孔径应符合所选设备定位销的尺寸要求，一般做三个定位孔。在手工制板工艺中要求定位孔直径为 2.0 mm。

10. 印制电路板的边缘

在印制电路板布线时，要求印制电路板的边缘一般不小于 2 mm。

7.1.5　印制电路板的设计注意事项

（1）布线方向：从焊接面看，元件的排列方位尽可能保持与原理图相一致，布线方向最好与电路图走线方向相一致。

（2）各元件排列、分布要合理和均匀，力求整齐、美观、结构严谨。

（3）电阻、二极管的放置方式：在电路元件数量不多，而且电路板尺寸较大的情况下，一般是采用平焊放置；在电路元件数量较多而且电路板尺寸不大的情况下，一般是采用竖焊放置。

（4）电位器安放位置应当满足整机结构安装及面板布局的要求，而且应满足顺时针调节时输出电压（电流）升高，逆时针则输出电压（电流）下降的要求。

（5）IC座：设计印刷板图时，在使用IC座的场合下，一定要特别注意IC座上定位槽放置的方位是否正确，并注意各个IC引脚位是否正确。

（6）进出接线端布置：相关联的两引线端不要距离太大，一般为5～8 mm较合适。

（7）设计布线图时要注意引脚排列顺序，元件引脚间距要合理。

（8）在保证电路性能要求的前提下，设计时应力求走线合理，少用外接跨线，并按一定顺序要求走线，力求直观，便于安装和检修。

（9）设计布线图时走线应尽量少拐弯，力求线条简单明了。

（10）布线条宽窄和线条间距要适中，电容两焊盘间距应尽可能与引脚的间距相符。

（11）设计应按一定方向进行，如可以从左往右或由上而下的顺序。

（12）印制电路板的最好形状为矩形，长宽比为3:2或4:3。

7.1.6　印制电路板的质量检验

1. 检验项目

检验项目包括导电性检验、绝缘性检验及外表面检验。

2. 外表面检验内容

（1）印制电路板外表面应平整，无严重翘曲，边缘整齐，不应有明显碎裂、分层级毛刺。表面不应有未腐蚀的残铜箔，焊接面应有可焊的保护层。

（2）印制电路板上导线表面及边缘均应光滑，没有影响使用的毛刺和凹陷，导线不应断裂，相邻导线不应短路。

（3）金属化孔壁镀层无裂痕、黑斑现象，表面无严重波纹。

（4）焊盘与加工中心应重合，外形尺寸、导线宽度、孔径位置和尺寸均应符合设计要求。

7.2　多功能环保制板系统制作印制电路板

这里介绍利用多功能环保制板系统手工制作印制电路板（PCB）的步骤。

7.2.1 印制电路板的图形与加工步骤

1. 印制电路板的图形

利用 Protel 99SE 或其他 PCB 设计软件进行线路图设计，将设计好的线路板图形按1∶1的图形比例通过打印机打印出来（喷墨打印机或激光打印机均可，但注意保持线路的完好性）。使用材料：普通 A4 打印纸即可进行操作，也可使用硫酸纸或光绘菲林纸制作。

如果想利用其他的线路资料，直接截取即可，然后进行复印，将输出的图形进行裁切大小，选择大小合适的印制线路板制作。

2. 印制电路板的加工步骤

使用 Protel 99SE 软件。用 Protel 99SE 打开设计好的 PCB 图，然后生成 Gerber 文件和 NC Drill 文件，导出加工文件至桌面，接着启动数控钻孔机加工印制电路板。

第一步，打开设计好的 PCB，生成 Gerber 文件。其操作过程如图 7.1～图 7.15 所示。

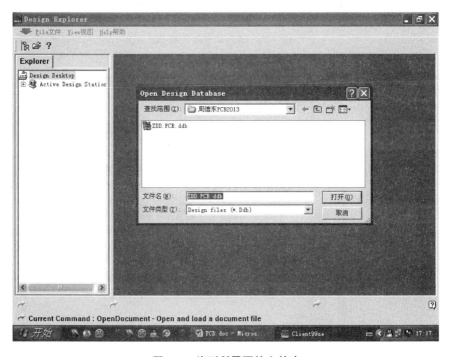

图 7.1 找到所需要的文件夹

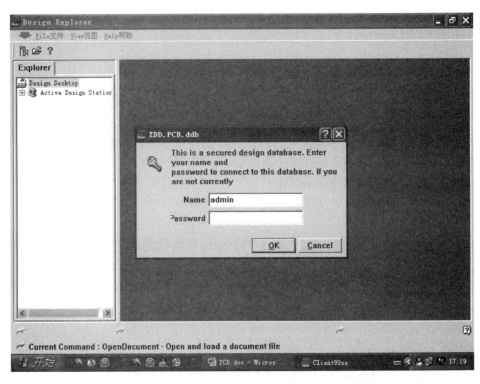

图 7.2 输入文件加密密码

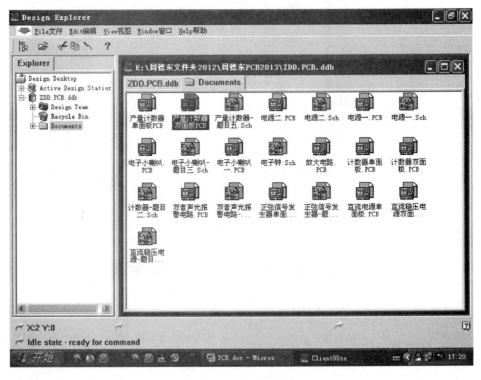

图 7.3 打开所需文件夹

第7章 印制电路板的设计与制作

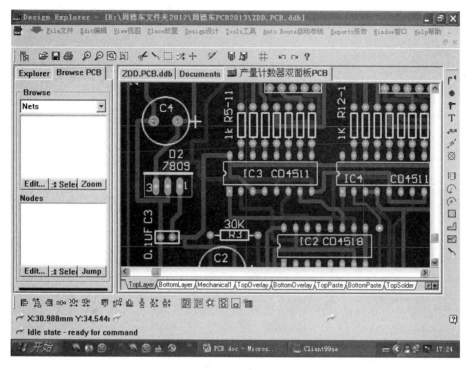

图 7.4 打开设计好的 PCB 图

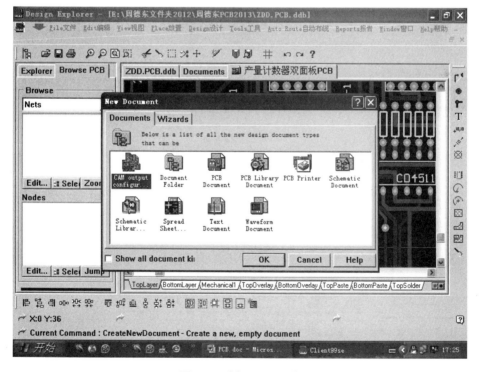

图 7.5 选择 CAM 文件

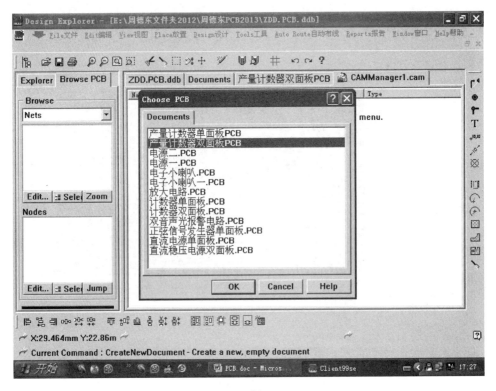

图 7.6 选择 PCB

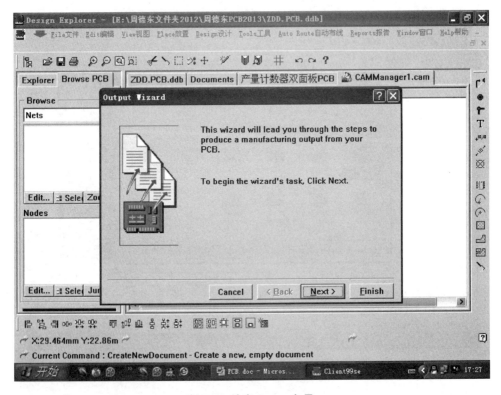

图 7.7 输出 Gerber 向导

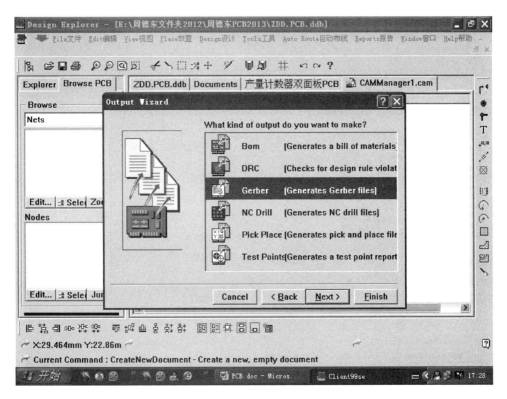

图 7.8 选择 Gerber 文件

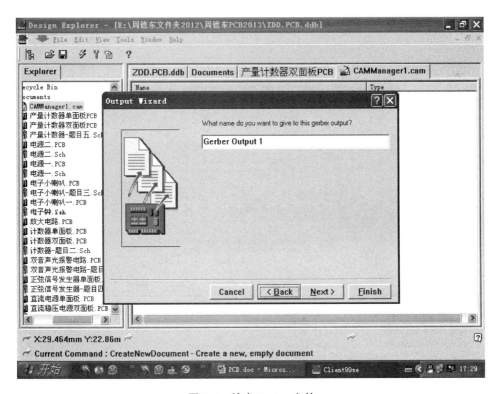

图 7.9 输出 Gerber 文件

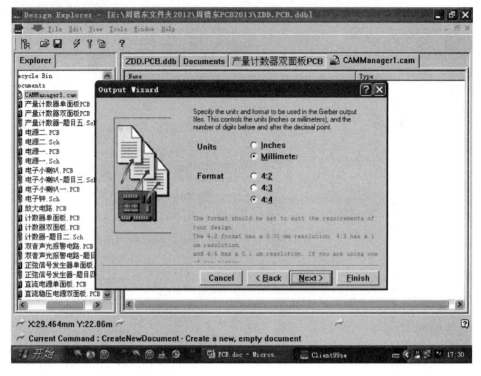

图 7.10 选择单位和比例

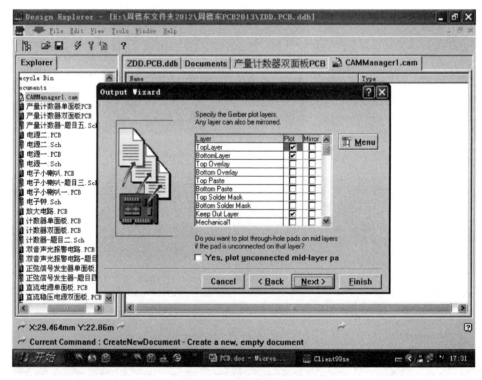

图 7.11 选择设置不同层

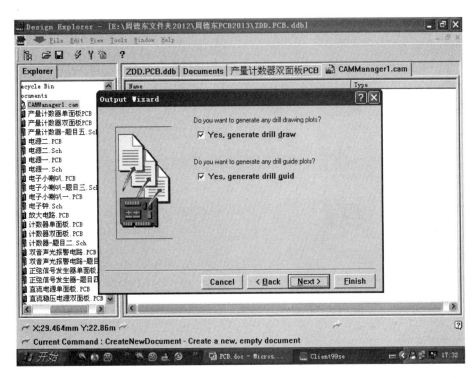

图 7.12 选择 Next 按钮 (1)

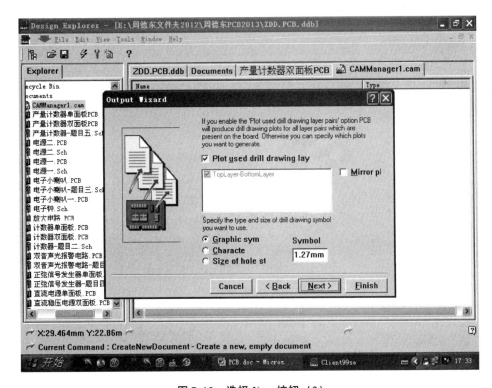

图 7.13 选择 Next 按钮 (2)

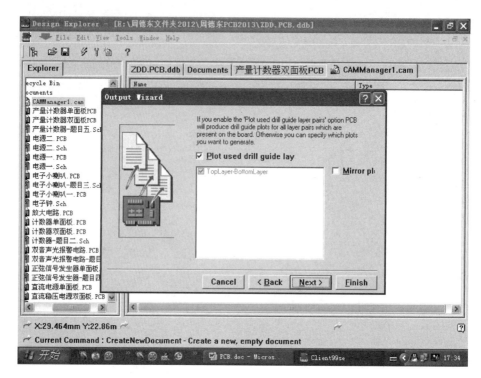

图 7.14 选择 Next 按钮（3）

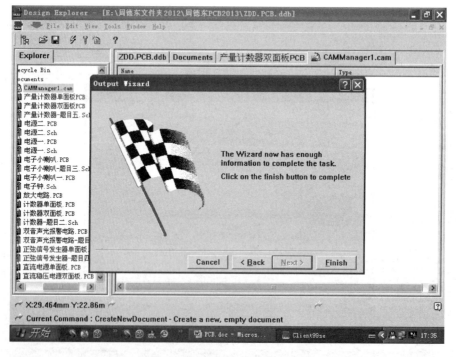

图 7.15 产生 CAM 文件（1）

第二步,生成 NC Drill 文件并导出加工文件(CAM for 产量计数器双面板 PCB)至桌面。其操作过程如图 7.16~图 7.27 所示。

图 7.16 打开文件夹

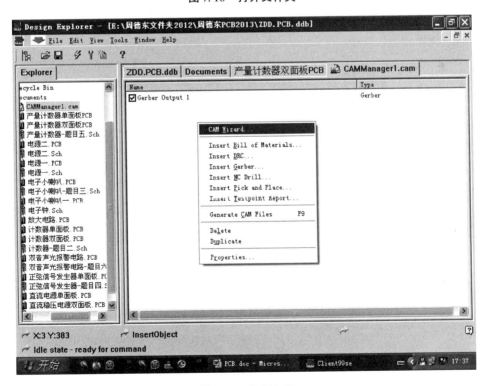

图 7.17 选择向导

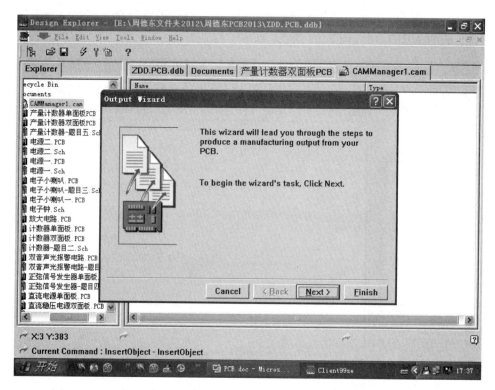

图 7.18 输出向导

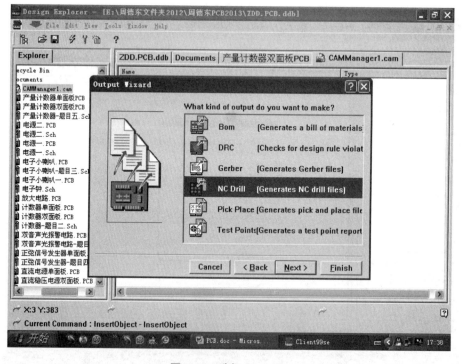

图 7.19 选择 NC Drill

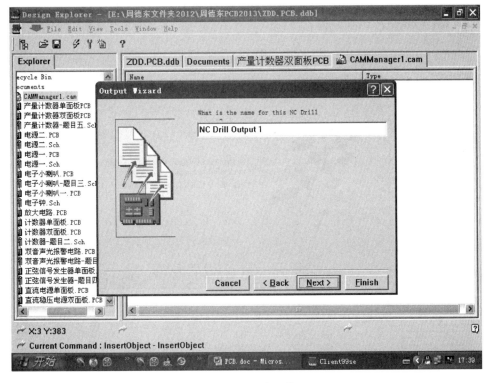

图 7.20 导出文件

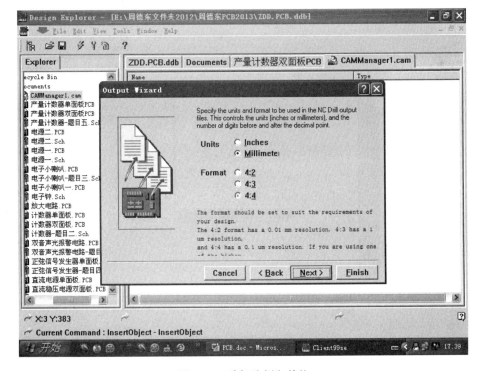

图 7.21 选择比例和单位

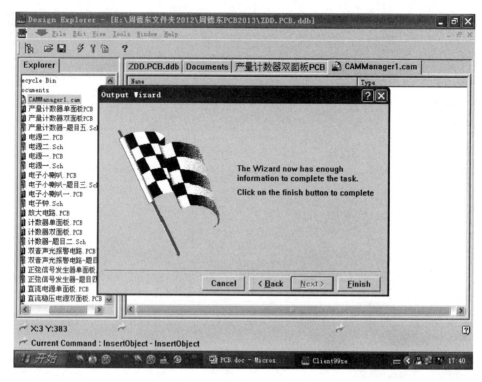

图 7.22 产生 CAM 文件 (2)

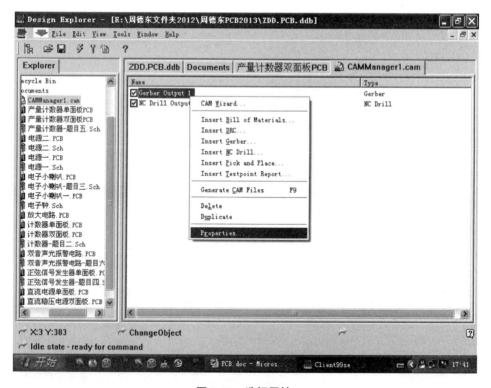

图 7.23 选择属性

第 7 章 印制电路板的设计与制作

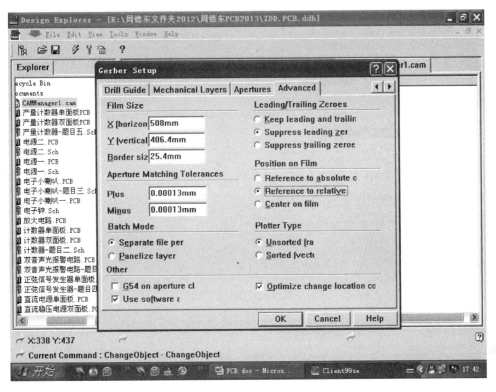

图 7.24 设置参数

图 7.25 导出文件

图 7.26 导出的文件放置在桌面上

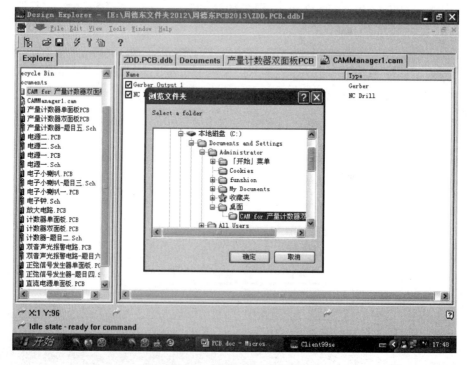

图 7.27 生成 CAM 文件夹

第三步,将生成的加工文件放在桌面上,在桌面上双击数控钻孔机加工程序图标,启动数控钻孔机开始钻孔。其操作过程如图 7.28~图 7.34 所示。

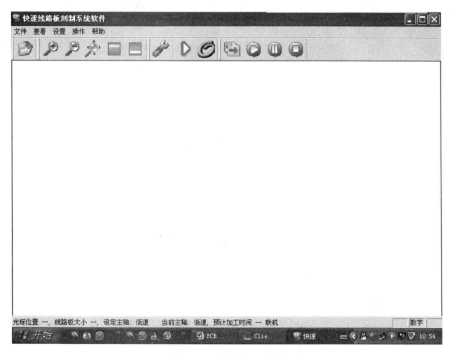

图 7.28　启动加工程序

图 7.29　打开要加工的文件

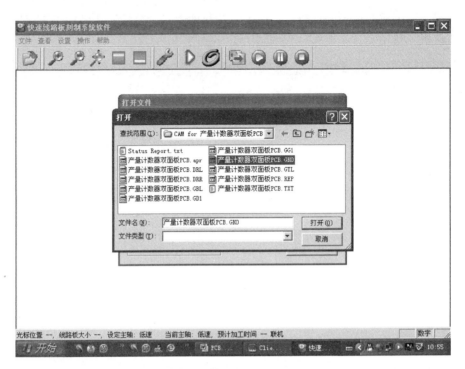

图 7.30 选择要加工的 PCB

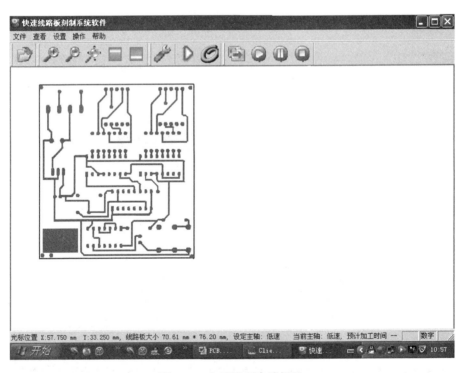

图 7.31 打开印制电路板图

第 7 章 印制电路板的设计与制作

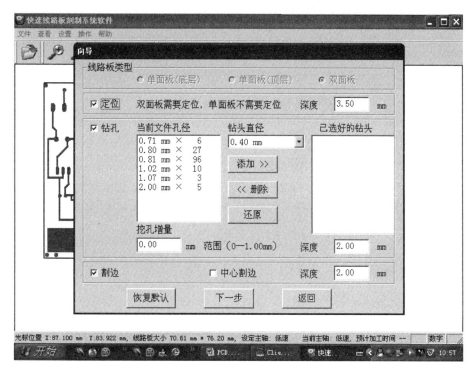

图 7.32 设置钻孔尺寸

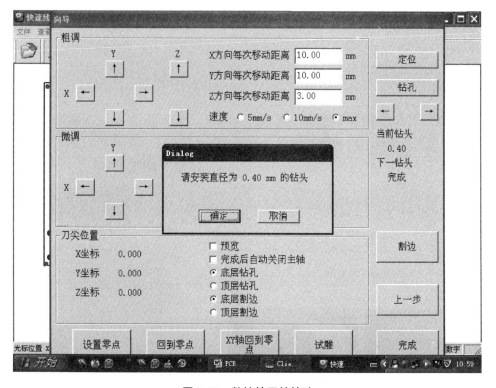

图 7.33 数控钻开始钻孔

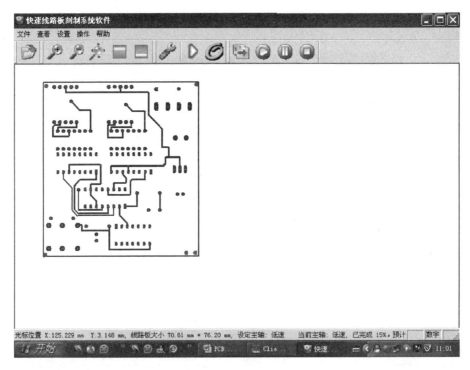

图 7.34 钻孔完成

第四步,过孔和阻焊层的制作(参照相关制作工艺)。

第五步,丝印层的制作(参照相关制作工艺)。

第六步,对制作好的印制电路板进行修理,至此印制电路板制作结束。

7.2.2 选板

选择与线路图大小相符的光印板,将光印板取出(图 7.35),利用线路板裁板机(图 7.36),并可根据裁板机上的精确刻度进行裁切,余下的放置于常温暗处保存,保存期限为两年。

图 7.35 光印板

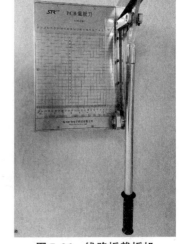

图 7.36 线路板裁板机

注意事项如下。

（1）不必在黑暗处进行裁切，但也不要在太过明亮或日光直射处进行裁切，裁切时请不要撕掉保护膜。

（2）用软布或吹气清理切屑，以保护保护膜的完好性。

（3）请勿污损光印膜并注意防止刮伤。

7.2.3 环保型快速制板系统功能介绍

环保型快速制板系统如图 7.37 所示，主要包括两大部分，即主机部分与透明塑料操作区。

1. 主机部分

主机部分主要有真空曝光区、制板工作区，如图 7.38 所示。

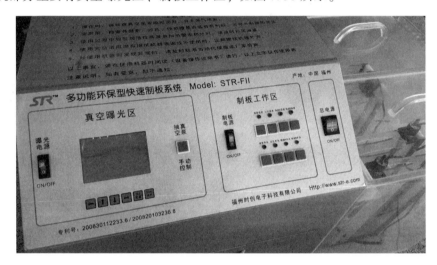

图 7.37 环保型快速制板系统

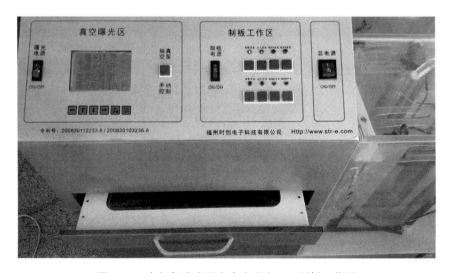

图 7.38 主机部分主要有真空曝光区、制板工作区

(1) 真空曝光区主要控制抽屉式曝光系统。
(2) 制板工作区主要控制透明塑料操作区。
(3) 两个区都为独立控制电路。

2. 透明塑料操作区

透明塑料操作区主要由显影、过孔、蚀刻（2个）4个槽组成，其中蚀刻分为A、B两个槽，每个槽边上都有标示指向说明，如图7.39所示。另外，每个功能槽都有一个加热器和对流气动压力泵控制系统，进行制板操作前，须检查一下加热器和对流泵气管是否都接好，以防止接触不良，如图7.40所示。

图7.39 透明塑料操作区

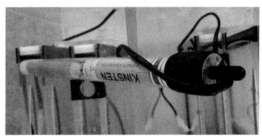
图7.40 加热器

7.2.4 印制电路板曝光工艺

使用环保型快速制板系统可制作单、双面线路板的曝光工艺，操作简便，而且曝光时间极短，可在60～90 s之内完成全部曝光工作。

操作流程如下。

(1) 打开抽屉式曝光系统，将真空扣扳手以大拇指推向外侧（图7.41），往上翻以打开真空夹，将光印板置于真空夹的玻璃上并与吸气口保持10 cm以上的距离，然后在光印板上放置图稿，图稿正面贴于光印板之上，如为双面板，请将两张原稿对正后将左右两边用胶带贴住，再将光印板插入原稿中，然后压紧真空夹扳手，以确保真空，如图7.42所示。

(2) 打开电源开关，显示屏出现功能字幕，如图7.43所示。
① 按■键，选择所要的功能，如 上曝光灯、下曝光灯 等。
② 按■、■、■键来选择功能的开启与关闭，及曝光时间的调整。
③ 设置好所要的功能后，按■键，回到主屏幕。
④ 按■键，开始曝光，警报声响起后，说明已曝光完成，按任意键返回设置参数功能选择：上曝光灯 开、下曝光灯 开、抽真空泵 开、曝光时间（以STR光印板为准）。硫酸纸图稿为60～90 s，普通A4复印纸图稿为150～190 s。如果线路不够黑，请勿

延长时间以免线路部分渗光，建议用两张图稿对正贴合以增加黑度，曝光时间为170～200 s。

（3）曝光好后，将真空扣往外扳并轻轻往上推，当真空解除后，即可轻松取出已曝光好的光印板，如图7.44所示。

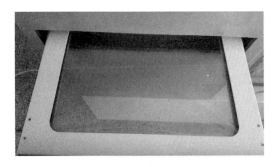

图 7.41　打开抽屉式曝光系统

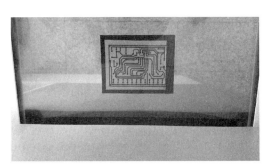

图 7.42　放置图稿

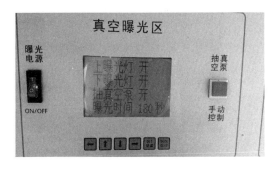

图 7.43　显示屏出现功能字幕

图 7.44　取出已曝光好的光印板

注意事项如下。

（1）避免于 30 cm 以内直视灯光，如有需要请戴太阳眼镜保护。

（2）更换熔丝时请先将旁边的电源线插头拔掉，以免触电。熔丝为 5 A（100～120 V）或 3 A（200～240 V）。

（3）请勿使用溶剂擦拭曝光机的透明胶面以及面板文字。

（4）本机光源长时间使用后会逐渐减弱（与日光灯同），请酌情增加秒数。

（5）计算机绘图、复制，或照相底片以反向（绘图面与光印膜面接触）为佳。

（6）断线、透光或遮光不良的原稿请先以签字笔修正。

7.2.5　显影、蚀刻前的准备

（1）将显影剂按 1∶20 配比加入清水，溶解后为显影液。内含量为（50±3）g/包，整包加清水为 1000 mL，半包加水为 500 mL。

（2）加入三包蚀刻剂到蚀刻机中，再加清水至 2250 mL，用玻璃、木棒、筷子或塑料棒不断搅动，待蚀刻剂完全溶解即可使用。

（3）在过孔机中倒入 2000 mL 的过孔药剂。

（4）打开电源开关，对显影剂、蚀刻剂、过孔剂进行加热，如果只用一个蚀刻槽，只须打开一个槽的温度开关即可，如图7.45所示，按 ▇▇▇ 、▇▇▇ 、▇▇▇ 下面的红色开关键 ▇。

① 显影机内的加热器温度调为45℃，指示灯到达温度后可按下显影温度按钮以停止加热。

② 蚀刻制板机内的加热器温度调为40～45℃，开启后直接使用，不需停止加热器工作。

③ 过孔机内的加热器温度调为50～60℃，确保温度达到后，开启过孔开关。

加热器温度调节如图7.46所示。

如果只用一个蚀刻槽，只开启对应的一个蚀刻开关即可，使用两个槽时再开启另外一个，两个槽相互独立，不受影响；制作双面板时才需开启过孔恒温。

（5）当液体温度达到设定的温度时，温度计上的红灯会熄灭，这时打开空气泵，透明塑料操作控制区如图7.45所示，按 ▇▇▇ ▇▇▇ ▇▇▇ ▇▇▇ 下面的绿色开关键 ▇。

（6）让液体保持流动状态。

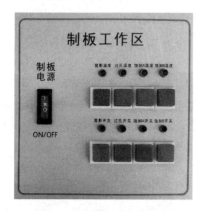

图7.45 透明塑料操作控制区

图7.46 加热器温度调节

注意事项：显影剂、蚀刻液、过孔液，都不可少于加热器的加热区，即液体不可少于1800 mL；否则会烧坏容器。

7.2.6 显影操作方法

（1）将上述曝光好的线路板，放入显影机的显影液内（图7.47），1～3 s可见绿色光印墨微粒散开，直至线路全部清晰可见且不再有微粒冒起为止，显影好的线路板如图7.48所示。总时间为5～20 s，否则即为显影液过浓或过稀及曝光时间长短的影响。

（2）以清水冲洗干净即可热风吹干，进入下一步蚀刻工艺。

图7.47 显影液中的线路板

图7.48 显影好的线路板

7.2.7 蚀刻操作方法

（1）把显影完成的光印板用塑料夹夹住，放入蚀刻槽内（图 7.49）至完全蚀刻好，全程只需 6～8 min，取出，用清水洗净，线路全部清晰可见，蚀刻好的线路板如图 7.50 所示。

图 7.49　蚀刻中的线路板　　　　　　图 7.50　蚀刻好的线路板

（2）如果要把光印板上的绿色保护层去除，只须用酒精轻轻擦拭或直接放入显影液中即可。

注意事项：蚀刻液浓度不可过高。如蚀刻液浓度过高（长时间置放、高温蒸发、比例不对等）可能会在底部产生结晶，如持续蚀刻即可能在铜箔上结晶造成点状蚀刻不全，因此建议每次蚀刻前请先检查并补足液量，如底部已发生结晶，请补足液量即可，结晶留在底部没有影响。

参考事项如下。

① 蚀刻剂一包约可蚀刻 100 mm×150 mm 单面光印板 10～20 片。
② 新液无颜色蚀刻后药液会变蓝色，依蓝色深浅可判断药液新旧。
③ 蚀刻液会产生气泡（氧气），此为正常现象。
④ 液温越高蚀刻越快，但请勿超过 60℃（蚀刻铜箔时本身也会发热升温）。
⑤ 新液蚀刻一片约需 6 min（液温 50℃），如超过 45 min 尚未能蚀刻完全，请换新蚀刻液。

7.2.8 双面板的制作工艺

制作双面板时，双面光印板的曝光、显影、蚀刻操作步骤与单面板一致，蚀刻好后再进行防镀、钻孔及过孔前处理。

准备好制作双面板的辅助材料：液剂（防镀剂、表面处理剂、活化剂、剥膜剂、预镀剂，如图 7.51 所示），毛刷 1 支，塑胶平底浅盆 1 个。

（1）防镀制作过程。

把防镀剂均匀地涂到双面板上，如图 7.52 所示。反复涂 3～4 次，放在通风处风干，风干后的双面板如图 7.53 所示。

  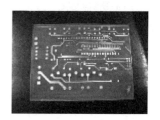

图 7.51　液剂　　　　图 7.52　涂防镀剂　　　图 7.53　风干后的双面板

（2）钻孔制作过程。

双面板风干后，根据要求选择不同孔径大小的钻头进行钻孔，如图 7.54 所示。钻孔必须使用钨钢钻针，一般碳钢针会造成孔内发黑，而且过孔品质极为不良。

图 7.54　钻孔

（3）过孔前处理。

① 表面处理 2~4 min。

功用：清洁孔洞，增加镀层附着力。

第一步，将双面板平放于塑胶平底浅盆。

第二步，挤 2~10 mL 或适量表面处理剂于板面上，用刷子涂刷板面，主要是将药水刷入孔内，涂刷板面如图 7.55 所示。

第三步，翻面重做第二步，并用手指压板边数次，让药水从孔内冒出来，如图 7.56 所示。

第四步，将第二步、第三步重复做 2 次以上。

第五步，用清水洗净，尽快执行下一步骤。

图 7.55　涂刷板面　　　　　　图 7.56　用手指压板边

② 活化 2～4 min。

药水为棕黑色，如呈清澄状，即表示已失效须更换，操作方法与表面处理（第一步至第五步）一样。功用：全面吸附上催镀金属。

③ 剥膜 2～4 min。

操作方法与表面处理（第一步至第五步）一样，请轻刷表面直至防镀涂膜完全溶解后洗净。功用：清除孔洞附着上的催镀金属。

④ 镀前处理（预镀）2～4 min。

操作方法与表面处理（第一步至第五步）一样，尽量让铜箔表面含着药水，少接触空气，须至铜箔变色，操作完成时，建议先把光印板放在水里，取出甩干后尽快进行下一步操作。功用：增加全体铜箔与镀层附着力。

⑤ 化学镀通孔。

用夹子及吊线将光印板沉入镀液（图 7.57），如果开始反应，板面应有小气泡产生，电镀中板面勿离开水面超过 10 s，镀层厚度随时间而增厚，药水的金属浓度可由颜色深浅辨别，镀完需用清水充分漂洗，双面板制作完成，如图 7.58 所示。功用：铜箔及孔洞镀上一层银白色金属。

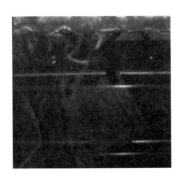

图 7.57　用夹子及吊线将光印板沉入镀液

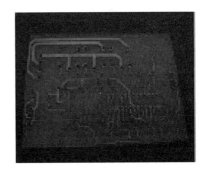

图 7.58　制作好的双面板

（4）镀后处理。

① 镀液镀完静置 1 天后倒回瓶内（如经滤纸滤过更好），以免因剥落的金属颗粒而消耗。

② 所有药品均应远离儿童，并存放于阴凉处。

③ 镀通孔如效率太低，请废弃更新，并用废液处理剂处理。

④ 槽壁或槽底的金属颗粒或镀层可用蓝色环保蚀刻液去除。

注意事项如下。

① 每个大步骤后（共 5 次），板子、刷子、盆子均需用清水洗净。

② 每个大步骤后，清洗完的板子需轻轻拍击，把孔内的水分拍击出来。

③ 用手指压板边，即可见到孔内有药液流动或冒上来，如有些区域没冒上来可移至有药水的地方按压（将板子掀开即可看到）。

④ 用手指压光印板时请勿压到孔洞。

⑤ 除剥膜及镀前处理外，刷涂主要是让药水进到孔内与孔壁反应，板面上药水并无作用。

⑥ 每道工序做完，请快速水洗并移到下一步骤。

⑦ 药水无毒性但含酸碱，请戴手套，勿穿棉质衣物。若药水不慎碰到眼睛，请用清水冲洗眼睛 5 min。

7.2.9 使用过的废液处理

1. 预备

（1）材料及使用比例，如表 7.1 所示。容器请使用塑胶或玻璃，如容器不够大，也可分次处理。

表 7.1 材料及使用比例

蚀刻槽	蚀刻剂	废液量	废液剂	废液桶	调液杯	滤液桶
STR-5 槽	1 包	0.75 L	1 包	2.5 L	1 L	2.5 L
STR-10 槽	2 包	1.5 L	2 包	5 L	1.5 L	5 L
STR-20 槽	3 包	2.25 L	3 包	7.5 L	2 L	7.5 L

（2）合适长度的非金属搅拌棒。

（3）滤布滤纸或滤袋及绑住桶口的细线或橡皮圈。

2. 调液

以 ET-10 所产生的废液说明，其他请依比例参照。

（1）准备 1.5 L 的烧杯、塑料杯或剪去头部的矿泉水瓶。

（2）将废液处理剂 2 包（共 300 g）倒入瓶内，再加水 900 mL（剂∶水 = 1∶3）。

（3）用搅拌棒搅拌溶解即成废液处理液，等待使用。

3. 处理

（1）将废蚀刻液（约 1.5 L）倒入准备好的 5 L 塑料桶内。

（2）将准备好的调液缓缓地倒入废液桶内，一面倒一面加以搅拌。两液一混合即产生胶羽或沙泥状沉淀，务必缓缓加入。

（3）全部加完后，再加清水 2～3 L。

（4）搅拌 1～2 min 后静置 1 天以上，上面即成清水，下面则为蓝色沉淀。

（5）准备滤液桶并将过滤布（纸）用细绳扎住桶口，并使滤布（纸）呈盆状凹陷。

（6）将废液桶上面的清水先倒掉大半，再将废液缓缓倒入滤布内，以不溢出为原则。

（7）用少许水将废液桶洗净再倒入滤布内。

（8）隔数天后将干燥的滤渣装入塑料袋内，即可以当作一般废弃垃圾丢弃。如使用滤布或过滤袋，可洗净后回收使用。

7.2.10 多功能环保制板系统手工制作 PCB 要求

（1）在线路板设计时电源、地线应比其他线条宽一些，其他根据板面尽量设计宽一些，但应符合设计规则。

(2) PCB 设计制作要求。

① 在 PCB 设计图上做 3～4 个孔经 2 mm 的定位孔，制作时孔壁要求光滑，不应有涂覆层，定位孔周围 1.5 mm 处无铜箔，且不得贴装元件。

② 印制板四周留有 5～10 mm 工艺边，并且不贴装元器件，不允许放置插件、机插和走线。

③ 公共地线比一般印制导线宽，一般布设在印制电路板的四周，尽量扩大接地面积，各级电路采用并联接地。

④ 印制电路板的设计原则是装焊方便、整齐美观、牢固可靠、无自身干扰。

⑤ 元器件排列方式采用不规则排列或规则排列。

(3) 元器件布设规则。

① 元器件在整个板面应布设均匀、疏密一致。

② 元器件不要占满板面四周，一般每边应留有 5～10 mm。

③ 元器件布设在板的一面，每个元器件的引脚单独占用一个焊盘。

④ 元器件间应留有一定间距。

⑤ 元器件的布设不可上下交叉。

⑥ 元器件安装高度应尽量一致，且尽量矮，一般引线不超过 5 mm。

⑦ 规则排列的元器件其轴线方向在整机中处于竖立状态。

⑧ 元器件两端的跨距应稍大于元器件的轴向尺寸，弯脚时不要齐根弯制，应留有一定距离（至少 2 mm），以免损坏元器件。

(4) 单面板的焊盘外径应大于孔径 1.5 mm 以上，即 $D \geqslant (d + 1.5)$ mm，双面板为 1.0 mm。

(5) 焊盘的形状采用圆形，其外径一般为 2～3 倍的孔径。

(6) 印制导线的布设原则。

① 印制导线以短为佳，能走捷径就绝不绕远。

② 走向以平滑自然为佳，避免急转弯和尖角。

③ 公共地线应尽量增大铜箔面积。

④ 根据需要可设置多种工艺线。放置多边形填充 Place/Polygon Plane，增加抗剥强度，不担负导电性。

(7) 印制导线的宽度与通过的电流有关，应窄窄适度，与板面焊盘协调，一般在 0.3～1.5 mm 之间，线宽的毫米数就是载流量的安培数，铜箔厚度为 0.05 mm。

(8) 导线的间隙一般不小于 1 mm，导线的最小间隙不小于 0.3 mm。

(9) 元件的安装方式：元件卧式安装→规则排列→圆形焊盘；元件立式安装→不规则排列→岛形安装。

(10) PCB 图一般按 1∶1 的比例绘制。

(11) 制作导电图形底图：制作标志印制电路上所安装元器件位置及名称等文字符号的底图。

(12) 钻孔直径与焊盘直径的关系，如表 7.2 和表 7.3 所示。

表 7.2　钻孔直径与焊盘直径的关系　　　　　　　　　　　　（单位：mm）

钻孔直径	0.4	0.5	0.6	0.8	0.9	1.0	1.3	1.6
最小焊盘直径	1.2	1.2	1.3	1.5	1.5	2.0	2.5	2.5

表 7.3　钻孔直径与连接盘直径的关系　　　　　　　　　　　（单位：mm）

钻孔直径	0.4	0.5	0.6	0.8	1.0	1.2	1.6	2.0
连接盘直径	1.5	1.5		2	2.5	3.0	3.5	4.0

直径小于 0.4 mm 的孔：$D/d=2.5\sim 3$；直径大于 2 mm 的孔：$D/d=1.5$。

（13）引脚直径为 $\phi 0.6$ mm 的元器件（1N4148，1/4 W 电阻，跳线等），其孔径设计为 1.1 mm（冲孔为 1.0~1.1 mm；钻孔为 1.1~1.2 mm）；引脚直径为 $\phi 0.8$ mm 的元器件（1N4007 等），其孔径设计为 1.2 mm（冲孔为 1.1~1.2 mm，钻孔为 1.2 mm）。

（14）测试点为圆形焊盘，焊盘直径设定 $\phi 1.2\sim 1.5$ mm（一般为 $\phi 1.5$ mm，元器件分布密集，焊盘直径设定成 $\phi 1.2$ mm）。两测试点之间的间距要求大于 2.0 mm，否则需要重新选择测试点位置。

（15）当电路中走线需要流过大电流时，需设置条形焊锡层（不允许将走线设置为大面积的焊锡层），如图 7.59 所示。

图 7.59　条形焊锡层

（16）在线路板的螺丝孔周围 1.5 mm 之内不得布线，避免在拧螺丝时拧断线路板。

（17）电阻、电容、跳线、二极管等 PCB 板跨距设计应满足为 2.5 mm 的整数倍，除特殊跨距以外，元器件推荐跨距如表 7.4 所示。

表 7.4　元器件推荐跨距

名称	规格型号	跨距/mm	备注
电阻	1/8 W	10	
	1/6 W	10	
	1/4 W，1/2 W 短小型	10	
	1/2 W	12.5	
	1 W	15	
	2 W	20	
电解电容	2200 UF/35 V 以下	5	
	2200 UF/35 V 以上	5 或 7.5	两者兼容
瓷片电容		5	2.5 mm（特殊）
涤纶电容	103 J/630 V		实际尺寸

续表

名称	规格型号	跨距/mm	备注
消磁电容	0.1 U/275 V		实际尺寸
二极管	1N4148	10	
	1N4007	12.5	
	HER107	12.5	
压敏电阻		7.5	
三极管		2.5	相邻引脚脚距

7.3 手工制作印制电路板

手工制作印制电路板通常是指在一块覆铜板上制出印制电路的过程，常见的方法有刀刻法、蚀刻法和贴图法等。

1. 刀刻法

对于一些比较简单的电路，印制板线条较少，可以用刀刻法来制作。在进行图形设计时，要求形状尽量简单，一般把焊盘与导线合为一体，形成多块矩形图形。

先把印制电路图打印在广告贴纸上，再将贴纸背面的塑料纸撕下，把图样平整地贴在覆铜板上，利用刻刀将电路图以外的部分刻除。制作时，用刻刀沿钢直尺的边沿刻划铜箔，把铜箔划透。然后，把不需要的铜箔边角用刻刀挑起来，用尖嘴钳夹住把铜箔撕下来，直到刻制完成。

2. 蚀刻法

蚀刻法也称为铜箔蚀刻法，主要工艺如下。

（1）裁板。按实际尺寸裁好覆铜板。

（2）处理覆铜板。去除板的四周毛刺，清理铜皮氧化层。

（3）拓图。用复写纸将设计好的印制板图描绘复印在覆铜板上。

（4）描图。用调和漆描图并置于室内晾干，或用油性笔描图。

（5）修整。趁油漆未完全干透的情况下进行修正，把图形中的毛刺或多余的油漆刮掉。

（6）烂板（腐蚀）。当油漆干好后，把印制板放在三氯化铁溶液中，注意掌握好温度、浓度和蚀刻时间。在蚀刻的过程中，可轻轻地搅动，使溶液不断流过工件表面，直到工件表面需要腐蚀的铜箔都被去掉。也可用过硫酸钠与水按1∶3的比例配制蚀刻液。

（7）去漆膜。用热水浸泡印制板可以把漆膜剥掉，也可用稀料清洗。

（8）清洗。漆膜去干净后，用棉布蘸去污粉在板面上反复擦拭，去掉铜箔的氧化膜，使线条及焊盘露出铜的颜色。擦完后用清水冲洗晾干，然后适当再修理一下毛刺和粘连。

（9）手工制作完成。

3. 贴图法

贴图法是把贴在一块透明的塑料软片上的各种宽度的导线薄膜和各种直径、形状的焊盘薄膜取下来转贴到覆铜板上,再用各种型号的抗腐蚀胶带连接各焊盘,构成印制导线图样。

整个图形做好就可以进行腐蚀,做出的印制电路板质量相对较好。

4. 手工制板的几种蚀刻液配制

(1) 蚀刻液:三氯化铁与水为1:2的比例配制,40～50℃腐蚀时间为5～10 min。

(2) 蚀刻液:过硫酸钠与水为1:3的比例配制。

思考题

1. 印制电路板由哪几部分组成?
2. 多功能环保制板系统制作印制电路板的步骤是什么?
3. 手工制作印制电路板的方法一般有哪几种?
4. 元器件布设规则主要有哪些?
5. 什么是偷锡焊盘?(查资料)

第8章 电子工艺实习项目

8.1 电子工艺实习

8.1.1 实习的目的和基本要求

1. 电子工艺实习的目的

(1) 电子工艺实习是工艺性、实践性的技术基础课程，课程目标是培养学生创新实践能力；它既是基本技能和工艺知识的入门向导，又是创新精神的启蒙，创新实践能力的基础；电子工艺实习既是理工类各相关专业工程训练的重要内容，也是所有学生素质教育的基本环节之一。

(2) 电子工艺实习是以学生自己动手，掌握一定操作技能并亲手制作几种电子产品为特色，是将基本技能训练、基本工艺知识和创新启蒙有机结合，培养学生的动手能力、创新能力以及严谨踏实、科学的工作作风，使学生在实践中学习新知识、新技能、新方法。以电子产品为工程背景，通过实习使学生通过理论联系实际，巩固和扩大已学过的电子技术的基础知识，获得电子产品生产工艺的基础知识和基本操作技能，了解电子产品制造过程，为专业基础课和专业课程的学习建立初步的感性认识，并提高工程实践能力。

2. 电子工艺实习的基本要求

通过电子工艺实习，学生应具备以下实践动手能力。
(1) 掌握电子元器件的焊接、拆焊技术。
(2) 能够熟练进行元器件识别、性能简易测试、筛选。
(3) 具备电子电路和电子产品装配能力。
(4) 具备电子电路与电子产品调试能力。
(5) 会正确使用电子仪器测量电参数。
(6) 具备电子电路识图能力。
(7) 培养编写实习报告的能力。
(8) 具备电子产品质量检测的能力。

8.1.2 调幅七管超外差式收音机的装配

1. 实习目的

(1) 常用仪器仪表的熟练使用。

(2) 常用电子元器件的检测与识别。
(3) 对简单电子产品的安装工艺与焊接工艺的认识。
(4) 熟悉简单电子产品的维修与调试。

2. 教学目标

让学生们了解实习目的、实习步骤和实习过程；掌握电子产品的安装和使用方法；进一步巩固常用电子元件的检测；检验和巩固理论知识；掌握焊接与安装工艺；提高动手能力和分析解决实践问题的能力；培养学生的设计创新能力。

3. 收音机原理图

收音机原理图如图 8.1 所示。

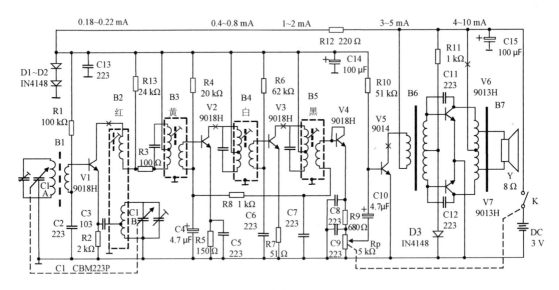

图 8.1 收音机原理图

4. 安装接线图

收音机安装接线图如图 8.2 所示。

5. 安装与焊接工艺

(1) 安装工艺。

① 附件的安装：扬声器的安装；电池夹的安装；螺钉的装配；机壳的安装。

② 元器件的安装：由后级向前一级装配；分级、分部分装配；元器件由小到大装配；多层面装配；元器件整形工艺，如图 8.3 所示。

A. 贴板安装元件：电解电容、电位器、输入变压器、输出变压器、双联电容、中周、晶振等都可紧贴电路板安装。

B. 三极管：剪去引脚长度的 1/3，再安装到电路基板上。

C. 电阻、二极管距离电路板底 1 mm（弯制时应距元件根部 3～5 mm）。

D. 瓷片电容距离电路板底 2 mm。

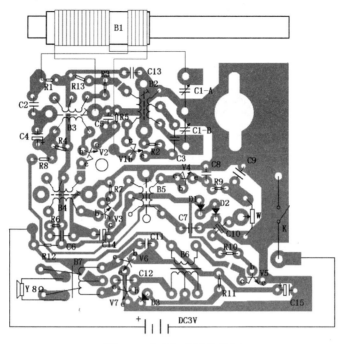

图 8.2 收音机安装接线图

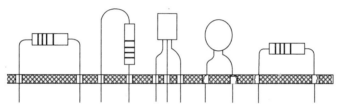

图 8.3 元器件整形工艺

(2) 焊接工艺。

① 焊接工具：内热式 20 W 电烙铁阻值为 2.5 kΩ，温度可达 350℃；外热式 20 W 电烙铁阻值是 2 kΩ，45 W 是 1 kΩ，75 W 是 0.6 kΩ，100 W 是 0.5 kΩ，平时可通过测量阻值来判断功率。

② 焊料：共晶焊锡（熔点 183℃，含锡 63%，含铅 37%）。

③ 助焊剂（松香水、焊油）。

④ 焊接工艺流程如图 8.4 所示。

6. 电子产品的装配技术

电子线路的装配可分成：元器件的预加工，镀锡，成形、分类（元器件安插装顺序）、插件、焊接、剪腿、清洁整理，调试组装等工序进行。安装时要注意元器件的排列整齐、美观，焊点光滑牢固，多股连接线经整理后扎成把子线。

(1) 准备工序。

① 元器件的表面清洁。

表面清洁包括对电阻、电容、晶体管、短接线、接线柱、插座等的清洁。表面受到氧化和污染后，降低了可焊性，必须进行清洁处理。用刀片或细砂纸从根部刮去污染物和氧化物。对大批量元器件的清洁,可采用酸洗法。即用柠檬酸水溶液将引线引脚清洁处理,印制电路板表面一般涂覆有助焊剂,可直接进行焊接。

② 导线的预加工。

导线的预加工俗称下线,分为剪截、剥线、捻线(多股芯线)、清洁、印标记等。

A. 剪截:手工剪截导线应先将导线拉直,按尺寸要求进行剪截。先截长导线,后截短导线,这样可以避免线材浪费。

B. 剥线:剥线是指剥去导线两端的绝缘层,露出芯线,可用剥线钳或剪刀剥线,剥头的长度一般为 5～10 mm,漆包线、纱包线可用细砂纸或刮刀轻轻除去线端表面的漆层,导线剥头如图 8.5 所示。同轴电缆、屏蔽线是由芯线、内绝缘层、外绝缘层和外覆层组成的。剥线时应分层进行。先用小刀或剪刀剥去外层塑层,露出屏蔽线,把屏蔽线捻紧,再剥去内层绝缘露出芯线。千万注意不要将屏蔽线剪断和损伤芯线。

C. 捻线:多股芯线经剥头后,成 45°捻成麻花形。

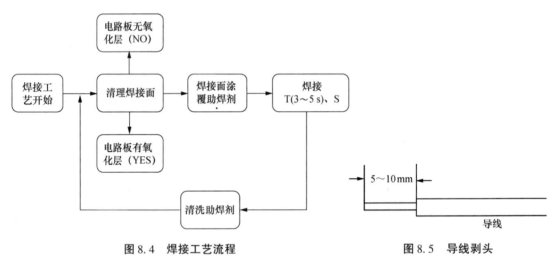

图 8.4 焊接工艺流程　　　图 8.5 导线剥头

③ 搪锡。将元器件、导线清洁处理后镀上一层焊锡,即是搪锡。搪锡方法有两种:一是在料槽中进行浸锡;另一种是用电烙铁加热母料焊接处,加入焊料和焊剂,从根部使其表面滚动而镀上一层锡。

(2) 元器件的成形与插装。

① 轴向引线元器件的成形与插装。轴向引线元器件是指元器件从元件两侧"一"字形伸出的元器件,常见的有电阻、电感、二极管等,如图 8.6(a)所示。为了插装到印制板上,两侧引线必须向同一方向打弯,如图 8.6(b)～图 8.6(d)所示。在成形时,弯头距离根部至少 1.5 mm 长,这样可以提高元器件与焊点之间的热阻,防止元器件受热损坏。弯头应自然形成圆角,圆角的半径应大于引线直径的 2 倍。成形时应将元器件标有型号与数字的一面朝外,以便于检查和维修。

② 径向引线元器件的成形与插装。径向引线元器件的引出线在元器件的同侧,如图 8.7(a)所示;其成形与插装方法如图 8.7(b)所示,一般成形是自然分开一定距离,可根据印制板的孔距成一定形而便于安装。水平引线和垂直引线应在成形前先整直,不能有弯曲、扭曲;否则成形时引线脚易被折断,又影响美观。水平插装时元器件紧贴铜箔板,或留有 2～3 mm 的高度。垂直插装应留 2～5 mm 高度,晶体三极管引脚不要剪得太

短，一般剪去 1/3 左右。但对于体积较大的滤波电容等，应紧贴铜箔板，这样比较牢固。留有一定高度的目的，是为了便于焊接和维修时拆换元器件。

（3）实习产品装配工艺流程。

实习产品装配工艺流程，即收音机实习工艺如图 8.8 和图 8.9 所示。"元器件检测作业"格式见附录 F。

（4）收音机所用元器件。

收音机元器件清单，如表 8.1 所示。

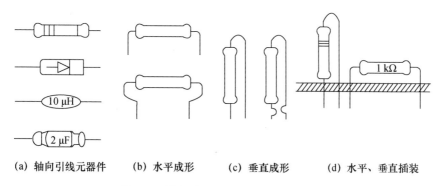

图 8.6 轴向引线元器件的成形与插装

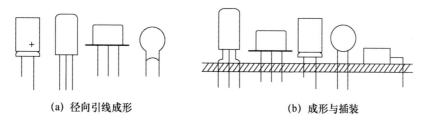

图 8.7 径向引线元器件的成形与插装

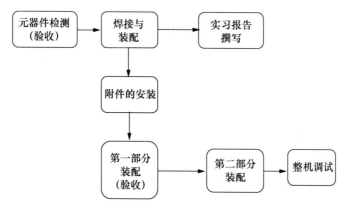

图 8.8 收音机实习工艺（1）

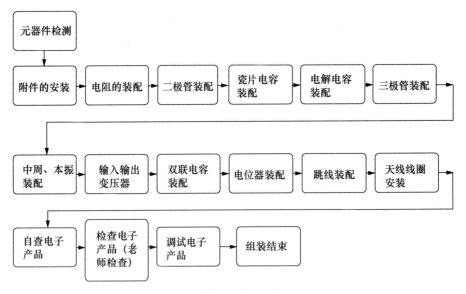

图 8.9　收音机实习工艺（2）

表 8.1　收音机元器件清单

电阻类		电容类		半导体类		电感类	
100 Ω	1 只	103	1 只	1N4148	3 只	中周一套	4 只
150 Ω	1 只	223	8 只	9018H	4 只	变压器一套	2 只
51 Ω	3 只	4.7 μF	2 只	9014C	1 只	天线线圈	1 只
100 kΩ	2 只	100 μF	2 只	9013H	2 只	喇叭	1 只
2 kΩ	1 只	223P 双联	1 只				
24 kΩ	1 只						
1 kΩ	2 只						
680 Ω	1 只						
5 kΩ 电位器	1 只						
20 kΩ	1 只						
62 kΩ	1 只						
220 Ω	2 只						

（5）实习所用工具。

实习所用工具如图 8.10 所示。

（6）实习报告的撰写要求。

① 实习报告的格式要求。

实习报告的基本格式与规范等按学院所发实习报告册撰写。实习报告应包括以下内容。

A. 实习报告封面按规定填写。

B. 附实习任务书。

C. 实习的目的。

D. 电子产品原理图。

E. 元器件检测内容。

F. 实习的过程与内容。

图 8.10 实习所用工具

G. 结果与分析。

H. 实习总结。

② 其他要求。

A. 实习报告在实习结束后的下个周一完成。

B. 实习报告的字数不少于 4000 字,书写、画图、记录要认真、规范。

C. 要求统一用学院所发实习报告册。

D. 要有自己的思想、数据,不能照抄资料或其他同学的实习报告内容。

(7) 学生业余训练内容。

用漆包线设计制作工艺品造型如图 8.11 所示。

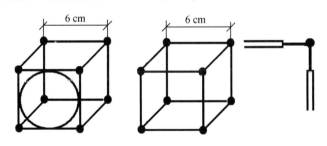

图 8.11 工艺品设计示例

(8) 实习评分标准。

收音机装配实习评分标准如表 8.2 所示。

表 8.2 收音机装配实习评分标准

产品组装、调试	检测报告	纪律考核	实习报告	否决项	否决项	否决项
40%	20%	20%	20%	实习报告未交	旷课半天	不按工艺实习

（9）实习作业（检测报告）。
① 测量、读出电阻的主要参数及判断质量。
② 测量、读出电容的主要参数及判断质量。
③ 测量三极管的 E、B、C、管型及主要参数，判断质量。
④ 测量二极管的 PN 结及主要参数，判断质量。
⑤ 测量变压器的主要参数并测绘出接线图，判断质量。
⑥ 用图形表示出印制电路板上的标识为何用意？
⑦ 详细陈述出电子产品（收音机）的焊接工艺和安装工艺。
⑧ 掌握色环电阻的参数识别方法和万用表的使用。
⑨ 陈述整个电子产品的装配工艺过程。
⑩ 陈述电子产品的调试过程（查资料）。
（10）元器件参数检测格式。
元器件参数检测格式，参见附录 F。
（11）套件选用。
实习中一般选用 XY919 型套件，收音机散件和印制电路板如图 8.12 所示。
多年来实践证明此套件很适合作为学生的实习产品。

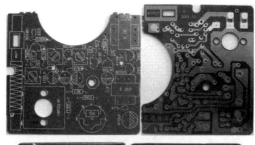

图 8.12　收音机散件和印制电路板

思考题

1. 实习注重实习过程还是注重实习结果？
2. 元器件如何拆卸和复原？
3. 如何提高自身的动手实践能力和创新能力？

4. 如何正确使用电烙铁?

5. 如何对元器件进行整形?

8.1.3 万用表的装配

1. 实习目的

(1) 常用仪器仪表的熟练使用。
(2) 常用电子元器件的检测与识别。
(3) 对简单电子产品的安装工艺与焊接工艺的认识。
(4) 掌握万用表的调试与维修。
(5) 具备一定的资料查阅能力。
(6) 熟悉万用表的工作原理。

2. 教学目标

让学生明白实习目的、实习步骤和实习过程;掌握万用表的安装和使用方法;进一步巩固常用电子元器件的检测;检验和巩固理论知识;掌握焊接与安装工艺;提高动手能力和分析解决实际问题的能力;培养吃苦耐劳、不怕困难的精神。

3. 万用表原理图

万用表原理图如图 8.13 所示。

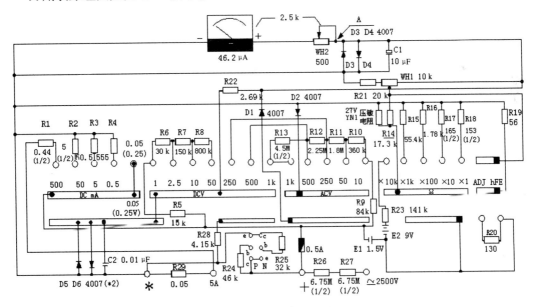

图 8.13 万用表原理图

4. MF-47 指针式万用表的结构特点

万用表是一种多功能、多量程的便携式电工仪表。一般的万用表可以测量直流电流、交直流电压和电阻,有些万用表还可以测量电容、功率、晶体管共射极直流放大系数 h_{FE}

等。MF-47型万用表具有26个基本量程和电平、电容、电感、晶体管直流参数等附加参考量程,是一种量程多、灵敏度高、使用方便的指针式万用表。MF-47型指针式万用表的结构主要由机械部分、显示部分和电气部分组成。

(1) 机械部分。机械部分由外壳、转换开关旋钮部分组成。转换开关由转轴、电刷及测量电路的触片组成。转换开关是万用表选择不同测量种类和不同量程时的电路切换元件。万用表用的转换开关都采用多层多刀多掷波段开关或专用的转换开关。开关里面有固定触点和活动触点,通常活动触点称为"刀",固定触点称为"掷"。旋动"刀"的位置,可以使其与不同挡的固定触点闭合,从而接通相应的测量电路。有几个挡位就称几"掷"。MF-47型万用表转换开关是3触点24掷的开关。最外层有24个挡位,每个挡位均与一定的测量对象所对应,当转轴转动时,电刷也随着转动,挡位也随之改变。

(2) 显示部分。显示部分是由表头及刻度盘组成的。表头由高灵敏度的磁电式直流微安表组成,表头灵敏度(表头满偏电流)$I_0 \leqslant 50\ \mu A$,表头内阻不大于$1.8\ k\Omega$。表头刻度盘上刻有多种量程的刻度,用以指示被测量的数值。其满刻度偏转电流越小,表头特性越好,灵敏度就越高。表头的表盘上有对应各种测量所需的多条刻度尺,以便直接读出被测量数据。在表盘上还标有一些数字和符号,它们表明了万用表的性能和指标。

(3) 电气部分。电气部分由测量线路板、电位器、电阻、二极管、电容、分压电阻、分流电阻、整流器等元件组成,电气部分的功能是把各种被测的电量转换成表头所需的微弱电量。例如,将被测的大电流通过分流电阻变换成表头所需的微弱电流;将被测的高电压通过分压电阻及整流器变换成表头所需的低电压;将被测的交流电压通过分压电阻及整流器变换成表头所需的直流电压。

5. 万用表工作原理

(1) 表头保护电路原理。

在MF-47型万用表的电路原理图中,可以知道表头部分的电路由D3、D4两个二极管反向并联并与$10\ \mu F$电容并联及$500\ \Omega$电阻串联组成,用于限制表头两端的电压,保护表头不至因电压、电流过大而烧坏。

(2) 直流电流的测量原理。

表头部分和分流电阻并联组成直流电流测量电路。

当转换开关掷于直流电流挡时,万用表就相当于一个直流电流表。万用表的表头是磁电式电流计,其灵敏度一般都很高,因此测量直流电流的范围很小。为了扩大量程以适应不同测量范围的要求,可在表头上并联不同阻值的分流电阻(也称为分流器),如MF-47型表中的R1~R4。有了分流电阻,便可使表头中仍通过额定电流,多余的电流则从分流电阻中通过。这样,既能使很大的电流通过万用表,又不至于损坏表头。万用表的多量程测量是通过转换开关改变分流电阻的大小来实现的。

(3) 直流电压的测量原理。

表头电路与分压电阻串联则构成基本的直流电压测量回路。

当转换开关掷于直流电压挡时,万用表就是一个多量程的直流电压表。万用表的表头具有一定的内阻,当有直流电流从表头流过时,就能产生一定的电压降。表头上的电压降与流经表头的直流电流成正比,因此可以在表盘上标出对应于一定直流电流的电压值。由于表头灵敏度很高,内阻很小,因此压降也很小,一般在十几毫伏至上百毫伏之间,如果不串联分压电阻,则量程很小,不适于实际测量。因此,必须在表头回路中串联一只阻值适当的电阻,这个电阻称为附加电阻(又称为倍增电阻)。通过附加电阻将绝大部分电压降掉,而将适当的电压加于表头,这样就可以扩大表头测量电压的量程。附加电阻越大,能扩大测量电压的范围就越大。万用表测量直流电压时,电压表所显示的均为平均值。

(4) 交流电压的测量原理。

交流电压测量电路的被测对象是极性交变的电压,可将表头、表头串接电阻看做一个电流表。

万用表的交流电压挡是一个多量程的整流交流电压表。万用表的测量装置为直流微安表头,以致测量交流电压时必须引入整流元件,如 MF-47 型万用表中 D1、D2,将被测交流电变成直流电再作用于测量机构。万用表中的整流电路多采用锗或硅二极管构成的半波整流电路或全波整流电路,经整流后就可以应用测直流电压的方法来测交流电压了。由于人们总是习惯以有效值来量度交流电压,因此万用表表盘上的刻度也是以有效值来表示的。

(5) 直流电阻的测量原理。

万用表电阻挡实际是个多量程的欧姆表,量程共分 5 挡:R×1、R×10、R×100、R×1k、R×10k。其中,挡为基准挡,其他各电阻挡均可以此挡为基础并联分流电阻得到所需欧姆中心值。

直流电阻测量原理图如图 8.14 所示。E 为电池电压,R 为调零电位器,R_x 为被测电阻。当 $R_x = 0$(相当于表笔短接)时,调节 R 使表头指针指向满刻度,也就是零欧姆,此时流过表头的电流 $I_0 = E/(R_0 + R)$。当接入被测电阻 R_x 之后,流过表头的电流为 $I = E/(R_0 + R + R_x)$,可以看出以下几点。

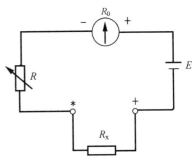

图 8.14 直流电阻测量原理图

① 在电池电压 E、调零电阻 R 为定值的情况下,当电路中接入某一确定的被测电阻 R_x 时,电路中就有相应的电流使表头的指针有一个确定的偏转角度。当被测电阻 R_x 的值改变时,电路中的电流会跟着发生变化,于是表头的指针偏转角度也相应地变化。可见,表头指针的偏转角度大小与被测电阻大小是一一对应的。如果表头的标度尺按电阻刻度,那么就可以用该电路直接测量电阻了。

② 被测电阻 R_x 越大,电路中的电流就越小,表头指针向右偏转的角度就越小。当 R_x 无穷大时,电路中电流为零,此时表头指针不偏转,指在零位。可见,当被测电阻阻值在 $0 \sim \infty$ 之间变化时,表头指针则在满刻度与零位之间变化,所以欧姆刻度线应是反向刻度,它与电流电压挡刻度线的刻度方向相反。同时从公式 $I = E/(R_0 + R + R_x)$ 可以看出,电路中的电流与被测电阻大小不成正比关系,而是非线性关系,所以测量电阻的刻度线分段是不均匀的。调零电阻 R 的作用是:当电池电压变化,使得 $R_x = 0$ 而表头指针不能满刻度偏转时,可以调节 R 使表头指针满度偏转,即指在欧姆刻度线的零位。因此,称 R 为零欧姆调整器。

由上可知,在用欧姆表测量电阻之前,为避免因电池电压变化而引起的测量误差,应首先将万用表测试表笔短接,同时调节调零旋钮,使表针指在 $R_x = 0$ 的位置(即满偏转),然后再进行测量。

(6) 晶体管的 h_{FE} 测试。

根据三极管的放大原理测量 NPN、PNP 管直流放大倍数 h_{FE}。将三极管插入相应的测量孔中,利用万用表内部线路满足三极管的放大条件,使三极管的放大性能从表头指示上得以体现。表头实际上反映了被测晶体管集电极回路中的电流 I_c。I_c 电流越大,表头指针摆动的幅度越大。

(7) 音频电平的测量原理。

将转换开关掷交流电压 10 V 挡,就可以测量音频电平了(单位为 dB),其工作原理同交流电压的测量。分贝的定度是以 600 Ω 负载电阻上得到功率为 1 mW(压降为 0.775 V)定为零分贝的。表盘上的分贝刻度是以 10 V 交流电压挡为核心经换算而标出的。在这一挡,可以直接读出音频电平的分贝数。

6. 万用表的装配

(1) 实习器材与设备。

① 万用表的零、组件(MF-47 型)1 套。
② 电烙铁(220 V,20 W 或 30 W)1 把。
③ 镊子、螺丝刀、剪刀、尖嘴钳等常用工具 1 套。
④ 直流稳压电源 1 台。
⑤ 自耦调压器 1 台。
⑥ 标准表(0.5 级交、直流电压表,直流电流表各 1 只)。
⑦ 标准电阻箱 1 只。
⑧ 可变电阻器(200 Ω,1 A)1 只。

(2) 万用表装配图。

MF-47 型万用表的电路装配图如图 8.15 所示。

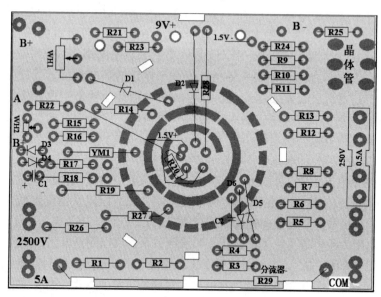

图 8.15　MF-47 型万用表的电路装配图

(3) 检测并选择零、组件。

① 测量表头灵敏度 I_0 和内阻 R_0。

A. 表头灵敏度 I_0 的测量。按图 8.16 所示的测量电路接线。取 $U_s = 5$ V,R_1 为标准电阻箱，R 为限流电阻，可变电阻 R_w 的滑动触点放在中间位置。开关 S_2 合向位置 "1"，闭合开关 S_1，调节可变电阻 R_w，使被测表头为满偏电流，读取标准表的电流值，即为被测表头的灵敏度 I_0。

B. 表头内阻 R_0 的测量。开关 S_2 合向位置 "2"，调节标准电阻 R_1，使标准表仍指在被测表头的灵敏度 I_0 处，读取 R_1 的值即为被测表头的内阻 R_0。

② 检测电阻元件的阻值。

选用直流单臂电桥对各个电阻的阻值进行精确测量，选择符合要求的电阻值。

③ 选择转换开关。

转换开关触点接触要紧密，导电性能应良好，旋动转轴时轻松而且具有弹性，到挡位时可听到清脆的 "嗒" 声，定位准确。在某一位置上如再轻轻拨动转轴，转换开头不应左右摇晃。

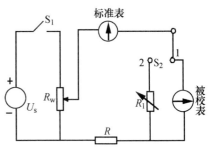

图 8.16 表头灵敏度和内阻的测量电路

（4）万用表的装配要求。

① 组装万用表的要求。

A. 万用表的体积较小，装配工艺要求较高，元、组件的布局必须紧凑，否则焊接完工后也无法装进表盒。

B. 各元、组件布局要合理，位置恰当，排列整齐。电阻阻值标志要向外，以便查看和维修更换。

C. 布线合理，长度适中，引线沿底壳应走直线、拐直角。

D. 转换开关内部连线要排列整齐，不能妨碍其转动。

E. 焊点大小要适中、圆润、牢固、光亮美观，不允许有毛刺或虚焊，焊锡不能粘到转换开关的固定连接片上。

F. 按照实验原理图将电阻器准确装入规定位置。要求标记向上，方向一致。尽量使电阻器的高低一致。焊完后将露在印制电路板表面多余引脚齐根剪去。

G. 然后焊接 4 个二极管和电容。注意二极管和电容的正负极性。

H. 根据装配图固定 4 个支架，焊接固定晶体管插座，保险丝夹，零欧姆调节电位器和蜂鸣器。

I. 焊接转换开关上交流电压挡和直流电压挡的公共连线，各挡位对应的电阻元件及其对外连线，最后焊接电池架的连线。至此，所有的焊接工作已完成。

G. 电刷的安装，应首先将挡位开关旋钮打到交流 250 V 挡位上，将电刷旋钮安装卡转向朝上，V 形电刷有一个缺口，应该放在左下角，因为电路板的 3 条电刷轨道中间的 2 条间隙较小，外侧 2 条较大，与电刷相对应。当缺口在左下角时电刷接触点上面有 2 个相距较远，下面 2 个相距较近，一定不能放错。电刷四周都要卡入电刷安装槽，用手轻轻按下，即可安装成功。

② 注意事项。

A. R35 用 3 个 2 MΩ 电阻串联制成，并套上绝缘套管。

B. R29 是 5 A 分流器，焊接部分不要超出线路板焊接面 2 mm，否则影响测量精度。

C. 保险管座应焊在印刷线路板一面，以便更换保险管。

③ 结构装配顺序。

A. 将铭牌贴在面板上,装电池夹。

B. 将弹簧、钢珠放入孔内。

C. 将开关旋钮插入面板中心孔。

D. 装入表头,用 4 颗 M3×6 螺钉固定。

E. 将焊接好的线路板卡入机壳中。

F. 装上电刷,用 M5 螺母固定,注意螺母要上紧。

G. 按调试说明调试线路板,并将线路连接好。

H. 装配提手,注意垫圈位置不可装错,提手螺母应松紧。

I. 把后盖组件与面板组件组合。

7. 万用表的校正与检验

(1) 调试所需材料。

① 数字万用表 1 块。

② 1.5 V 电池 1 节。

③ 180 Ω 电阻 1 个。

(2) 校正与检验。

万用表装配好以后,还需经过校验确定其各挡准确度是否符合要求,校验一般采用对比法,即用标准表或标准电阻与被校表数值对比检验。

① 校正。

A. 基准挡位校正。

首先,将基本装配完成的万用表挡位旋转至直流电流挡(DCmA)最小挡 0.25 V/50 μA;用数字万用表测量指针万用表正负接线柱两端的电阻值;如阻值为 3.1～5.1 Ω,则基准挡位调试结束,如不在此范围内,则调整 150 Ω 电阻。

B. 直流电流挡校正(DCA)。

将指针万用表的挡位调到 50 mA 直流挡,然后用正、负表笔测量电池与电阻串联的电流。若值为 6～8 mA 时,调试结束。

C. 直流电压挡校正(DCV)。

用指针万用表的正、负表笔测量电池正、负极的电压,若值为 1.2～1.5 V 时,调试结束。

D. 欧姆挡校正。

为指针万用表装上一节 1.5 V 电池,首先将正、负表笔短接并进行调零,接着测量电阻的阻值,若值为 180 Ω 左右,调试结束。

E. 调试过程记录。

万用表的调试方式:先装上电池和后盖,将红、黑表笔分别插入"+""-"极,挡位开关旋转至欧姆挡,红、黑表笔靠在一起,观察指针是否转动,并微调校零旋钮进行校零。校零之后,用红、黑表笔进行测量电阻阻值,或测干电池两端的电压。如果电压指针反偏,则一般是表头引线极性接反了;如果测电压示值不准,则一般是焊接有问题,应对被怀疑的焊点重新处理。

② 检验。

A. 挡位开关旋钮打到 BUZZ 音频挡,在万用表的正面插入表笔,然后将它们短接,是否听到有鸣叫的声音。如果没有，则说明安装的蜂鸣器线路有问题。

B. 挡位开关旋钮打到欧姆挡的各个量程，分别将表笔短接，然后调节电位器旋钮，观察指针是否能够指到零刻度线。

C. 挡位开关旋钮打到直流电压 2.5 V 挡，用表笔测量一节 1.5 V 的电池，在表盘上观察指针的偏转是否正确。

D. 挡位开关旋钮打到直流电压 10 V 挡，用表笔测量一节 9 V 的电池，在表盘上观察指针的偏转是否正确。

E. 挡位开关旋钮打到交流电压 250 V 挡，用表笔测量插座上的交流电压。

F. 挡位开关旋钮打到 R×10 kΩ 挡，测量一个 6.75 MΩ 的电阻。然后依次检测其他欧姆挡位。

如果有标准的万用表，则可以将测量的值进行比较，各挡检测符合要求后，即可投入使用。

8. 常见故障

（1）短路故障。造成短路故障可能的原因有：焊点过大、焊点带毛刺、导线头的芯线露出太长或焊接时损坏导线绝缘层；装配元、组件时导线过长或安排不紧凑，装入表盒后互相挤碰。

（2）断路故障。造成断路故障的可能的原因有：焊点不牢固、虚焊、脱焊、漏线、元组件损坏、转换开关接触不良等。

（3）电流挡测量误差大，可能是分流电阻值不准确或互相接错。

（4）电压挡误差大，可能是分压电阻值不准确或互相接错。

（5）测量交流电压时，电表指针偏小，可能是整流二极管损坏或分压电阻不准确。

只要在组装万用表过程中认真细心地按照每个组装工序的要求去做，以上各种故障现象均可排除。

（6）基准挡调试时，指针不偏转。通过电路板的检测，发现主要问题在于接线柱的焊接不好，导致接触不良。通过接线柱的重焊，故障基本得到排除。

（7）指针偏满。调节调零电位器时指针不能左右摆动，说明此时流过表头的电流已大大超过了它的满偏电流，主要原因是电路中分流电路出了问题，应重点检查分流电路。

（8）测电压示值不准。这种情况一般是焊接或者电阻安装有问题，应对被怀疑的焊点重新处理，检查是否把电阻装错位置。

9. 万用表组装工艺流程

万用表组装工艺流程如图 8.17 所示。

10. 主要的技术指标

仪表的测量范围即准确等级如表 8.3 所示。

11. 元器件清单

万用表元器件清单如表 8.4 所示。

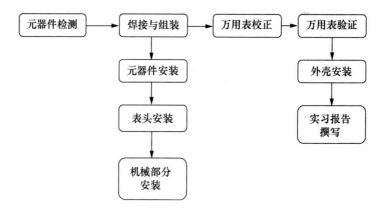

图 8.17 万用表组装工艺流程

表 8.3 仪表的测量范围即准确等级

项目	测量范围	灵敏度	基本误差	基本误差表示法
直流电流	50 μA、0.5 mA、5 mA、50 mA、500 mA、5 A	0.25 V	±2.5 ±5	以标度尺工作部分上量限的百分数表示
直流电压	0 V、0.25 V、1 V、2.5 V、10 V、50 V、250 V、500 V、1000 V、2500 V	20 kV	±2.5	
交流电压	0 V、10 V、50 V、250 V、500 V、1000 V、2500 V		±5	
电阻	R×1 Ω、R×10 Ω、R×100 Ω、R×1 kΩ、R×10 kΩ		±2.5	以标度尺工作部分长度百分数表示
音频电平	−10～+22 dB	0 dB = 1 MW 600 Ω		
晶体管放大倍数	0～300			
电感	20～1000 H			
电容	0.001～0.3 μF			

表 8.4 万用表元器件清单

R1/0.44	R2/5	R3/50.5	R4/555	R5/15 k	R6/30 k
R7/150 k	R8/800 k	R9/84 k	R10/360 k	R11/1.8 M	R12/2.25 M
R13/4.5 M	R14/17.3 k	R15/55.4 k	R16/1.78 k	R17/165	R18/153
R19/56	R20/130	R21/20 k	R22/2.69 k	R23/141 k	R24/46 k
R25/32 k	R26/6.75 M	R27/6.75 M	R28/4.15 k	YN1/27 V	C/10 μ/16 V
D1/IN4007	D2/IN4007	D3/IN4007	D4/IN4007	R29/0.05	D5/IN4007
D6/IN4007	WH1/10 k	WH2/500	表头		

注：图中未标注电阻功率的均为 1/4 W，未标明单位的电阻均为 Ω；IN4007 可用 2AP9 或其他型号的二极管代换。

12. 实习报告要求

（1）实习报告的格式要求。

实习报告的基本格式与规范等按所发实习报告册撰写。实习报告应包括以下内容。

① 实习报告封面按规定填写。
② 附实习任务书。
③ 实习的目的。
④ 设计出的原理图。
⑤ 元器件检测内容。
⑥ 实习的过程与内容。
⑦ 结果与分析。
⑧ 实习总结。

（2）其他要求。

① 实习报告在实习结束后于下周一完成。
② 实习报告的字数不少于 4000 字，书写、画图、记录要认真、规范。
③ 要求统一用学院所发实习报告册。
④ 要有自己的思想、数据，不能照抄资料或别的同学的报告内容。

13. MF-47 型万用表元器件装配图

MF-47 型万用表元器件装配图如图 8.18 所示。

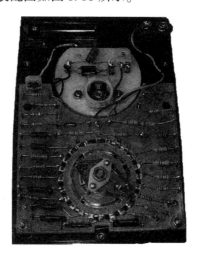

图 8.18 MF-47 型万用表元器件装配图

14. 实习评分标准

万用表装配实习评分标准如表 8.5 所示。

表 8.5 万用表装配实习评分标准

产品组装、调试	检测报告	纪律考核	实习报告	否决项	否决项	否决项
50%	10%	20%	20%	实习报告未交	旷课半天	不按工艺实习

15. 实习作业（检测报告）

(1) 测量、读出电阻的主要参数及判断质量。
(2) 测量、读出电容的主要参数及判断质量。
(3) 测量二极管的 PN 结及主要参数，判断质量。
(4) 为何用图形表示出印制电路板上的标识？
(5) 详细陈述出电子产品（万用表）的焊接工艺和安装工艺。
(6) 掌握 MF-47 型万用表的安装与调试。
(7) 陈述整个电子产品（万用表）的装配工艺过程。
(8) 陈述电子产品的调试过程。

16. 元器件参数检测格式

元器件参数检测格式，参见附录 F。

思考题

1. 在装调 MF-47 型万用表时，应如何进行调试？
2. 如何用指针式万用表测量电阻、电容、二极管、三极管等元件的主要参数？
3. 如何提高自身的动手实践能力和创新能力？
4. 使用指针式万用表应注意哪些事项？
5. 如何去看 MF-47 型万用表的装配图？

8.2　电子实习

8.2.1　实习的目的和基本要求

1. 实习目的

电子实习是电气专业和非电气专业重要的实践性教学环节。通过该实习，使学生对集成元器件的一些相关知识有感性认识，加深"数字电子技术"课程的理论知识；熟练掌握电子元器件的检测与识别；掌握集成元器件的检测与识别；培养学生设计电路与实际相结合的能力；熟悉数字组合实验箱的使用；并在生产实践中，激发学生动手、动脑、勇于创新的积极性，培养学生严谨、认真、踏实、勤奋的学习精神和工作作风，为专业基础课和专业课程的学习建立初步的感性认识。电子实习为学生今后从事生产技术工作打下必要的基础，并提高学生工程实践能力。

2. 实习要求

通过电子实习，应具备以下实践动手能力。
(1) 掌握数字实验设备的结构及使用。

（2）能够熟练进行元器件识别、性能简易测试和筛选。
（3）具备电子电路插装能力。
（4）具备电子电路调试能力。
（5）会正确使用电子仪器测量电参数。
（6）具备电子电路读图能力。
（7）培养编写实习报告的能力。
（8）具备技术文件汇总的能力。

8.2.2 数字钟的设计与制作

1. 实习目的与教学目标

（1）实习目的。
① 常用仪器仪表的熟练使用。
② 集成元器件的认识与检测。
③ 数字实验箱的熟练使用。
④ 设计的电路能够插接与调试。
⑤ 常见电路故障的处理。
（2）教学目标。

让学生知道实习目的、实习步骤和实习过程；掌握电子线路的插装和调试方法；进一步巩固常用电子元器件的检测；检验和巩固理论知识；掌握插装工艺；提高动手能力和分析解决实践问题的能力；培养团结协作的团队精神。

2. 数字实验箱的介绍

（1）数字实验箱输入采用的是 220 V 单相交流电源。共输出三种幅值的直流电源：5 V、±15 V，位于箱子的最下边，在电子线路实习中通常使用的是 5 V 电源。5 V 电源分布在数字实验箱的三个不同的位置，以便实际使用。

（2）在数字实验箱的下边有 16 个测试显示灯，若加高电平，则灯亮；反之不亮。一般这组显示灯可用来测试线路中有无信号，也可用来显示信号频率的快慢。

（3）在数字实验箱的左下边有 6 个显示器插座，用来插接七段码显示器。七段数码显示器如图 8.19 所示。其中有两个接地引脚，一般任意接一个即可，另外一个可悬空。

（4）数字实验箱右边是 0.25 W 的扬声器和三极管、整流桥、稳压管等。

（5）数字实验箱中有 5 个电位器，它们位于左边，阻值分别是 0～1 kΩ、0～10 kΩ、0～47 kΩ、0～470 kΩ、0～1 MΩ。

（6）数字实验箱的下边有 16 组置位开关。每组置位开关由一个置位开关、一个显示灯和引线插座组成。当需要高电平时，可打开开关，显示灯亮，由相应插座引出的即是高电平，反之为低电平。它们可用来给电子线路加所需的高、低电平信号。

（7）数字实验箱的右下脚是一个连续方波发生器，由它可输出得到 1～400 Hz 频率的连续方波，它可作为某些线路的脉冲信号使用。在连续方波发生器的右边是一个单次方波/脉冲发生器，每按动一下，可输出一个方波。

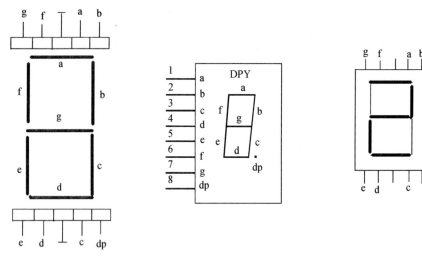

图 8.19　七段数码显示器

(8) 面包板的介绍。

① 电子线路实习中，常使用不同型号的面包形插座板（简称面包板）作为电路基板。本实习中面包箱内共有 8 块面包板，如图 8.20 所示为其中的一块。面包板中间是一条凹槽，以凹槽为轴上下对称一致。

② 面包板的最上、下方分别有一排 [图 8.20 (c) 中的 X、Y 排] 插孔作横向排列，通常用做电源和地线的连接插孔，它们在电气上的连通性质是对称一致的。下面以 X 排为例介绍，X 排的插孔共有 11 组，每组有 5 个插孔。它们在电气上是这样连通的：前四组共 20 个插孔是互相连接在一起的，中间三组共 15 个插孔是连接在一起的，最后的四组共 20 个插孔是连接在一起的，而这三组之间是相互绝缘的，可用导线将这三组连接在一起，使得 X 排的整个孔连通，在实际线路中可作为电源母线端，如图 8.20 (b) 所示。

③ 面包板上凹槽两侧各设有几十列插孔，每列有 5 个插孔，分别为 A～E、F～J，各列之间是相互绝缘的。每列的 5 个插孔是相互连接在一起的，如图 8.20 (b) 中 A～E 是连通的，F～J 是连通的。实习时，应将集成块的两排引脚跨过凹槽，分别插在凹槽两侧的插孔 E、F 中，然后可从同一列的其余 4 个插孔（A～D、G～J）向外电路引线。

3. 安装与调试

(1) 实习步骤。

由于数字钟实习中搭接导线很多，若无计划地全部搭接容易出错，且不易检测和排除障碍，因此要求搭接过程必须是有计划的，一部分一部分地进行。搭接的原则是由后到前，由简到繁。具体过程如下。

① 搭接秒的计数显示电路（秒的计数脉冲由信号源提供）。
② 搭接分钟的计数显示电路。
③ 搭接小时的计数显示电路。
④ 搭接分频电路，将石英晶体振荡器的 32 768 Hz 信号经分频后得到 1 秒信号。
⑤ 搭接校时电路。
⑥ 搭接报时电路。

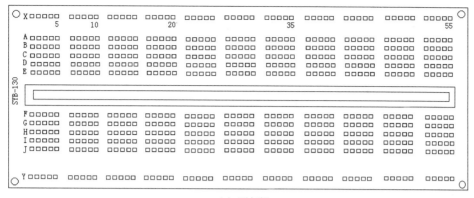

(a) 面包板

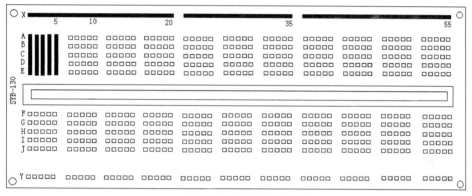

(b) 面包板内部电气连接图

(c) 实物面包板

图 8.20 数字实验箱的面包板

(2) 实习操作。

① 电路元器件的安置及布线。

电路元器件的安置及布线如不合理，可能会引起电路中各处信号的相互耦合（电的、磁的、热的），使电路工作不稳定，难以检测和排除故障。所以一定要重视元器件的合理安置和布线，其一般原理如下。

A. 在首先考虑电气性能合理的情况下，元器件安置也要注意整齐、美观，集成块安装方向要一致，切忌元器件相互重叠、交叉。

B. 输入回路元器件应当尽量远离输出回路元器件。当回路级数较多时，绝不能将最后一级电路元器件与第一级电路元器件紧靠在一起。

C. 电源线、地线使用较多,是所有电路公共使用的通路,应首先安排好。前述已经提到过,面包板的最上、下两排是用来接电源和地线的,形成电源母线供电方式。如 X 排的孔全部接电源线、Y 排的孔全部接地线,应该提前计划好,并能够区分清楚,否则易出现电源短路。

D. 地线允许迂回,一般地线可长些。但后级的信号不要通过前级电路地线,特别是电源滤波电容器的地线要单独布线,不要与信号地线共用。放大器中各级接地元件的接地点应考虑一点接地的原则,高频电路要就近接地。

② 电路的调整、测试。

实践表明,新搭接完成的线路很难达到预期的效果,这就要耐心认真地调整、测试,排除故障,切忌马马虎虎,同时还要开动脑筋,认真进行分析、判断。

A. 通电前的检查。

a. 元器件引脚之间有无短路。

b. 电源的正、负极性有没有接反,正、负极之间有没有短路现象,电源线、地线是否接触可靠。

c. 认真检查线路是否接错、掉线、断线,元器件引脚有无接错等,查线时可借助万用表进行。

B. 通电调试。

a. 认真查线。当电路不能正常工作时,应检查电路有没有接触不良、元器件发热损坏等。

b. 认真检查直流工作状态。

线路检查完毕后,若线路仍不能正常工作,则可将电路接通直流电源,测量被测电路主要点的直流电位,或信号快慢,并与理论值进行比较,以便发现不正常的现象。对于多级电路,要逐级进行测量,并立即分析测量结果是否正确,以便发现故障点。

C. 动态检查。

在电路输入端加上输入信号,对各输出信号进行测量,并与理论值进行比较,以便发现不正常现象,找到故障所在。对多级电路仍要逐级测量。

调试时要充分利用面包箱所提供的设备。使用置位开关给所测线路加相应的输入信号(0 或 1),将输出信号接到显示灯上,以显示输出信号,与理论值比较,来判断线路的工作情况,寻找故障点。或者将芯片的输出信号接到显示灯上,以显示输出状态,来判断芯片是否在正常工作。对于一个完整的系统电路,要迅速而准确地排除故障,则需要一定的时间工作经验。对于初学者来说,首先应该认真分析电路图,并善于将全电路分解成几个功能块,明确各部分信号传递关系及作用原理,然后根据故障现象以及有关测试数据,分析和初步确定故障可能出现的部件,再按上述步骤仔细检查这一部分电路,就可能比较快地找到故障点及故障原因。

4. 电子实习工艺流程

电子实习工艺流程如图 8.21 所示。

5. 实践教学设计电路

(1) 八进制计数器电路原理图如图 8.22 所示。

(2) 六十进制计数器电路原理图如图 8.23 所示。

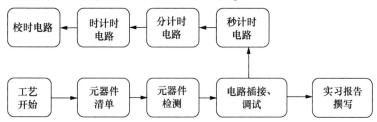

图 8.21 电子实习工艺流程

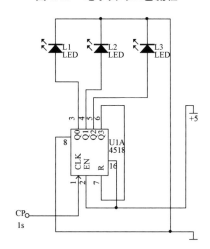

图 8.22 八进制计数器电路原理图

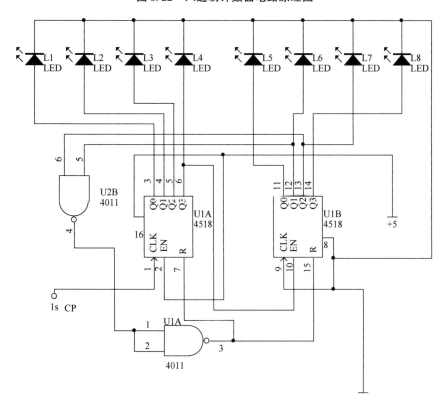

图 8.23 六十进制计数器电路原理图

（3）二十四进制计数器电路原理图如图 8.24 所示。
（4）石英晶体振荡电路原理图如图 8.25 所示。
（5）数字钟电路原理图如图 8.26 所示。
（6）数字钟产品元器件清单如表 8.6 所示。
（7）电子实习的主要设备及功能区。
① 数字实验箱如图 8.27 所示。
② 数字实验箱的功能区域如图 8.28 所示。

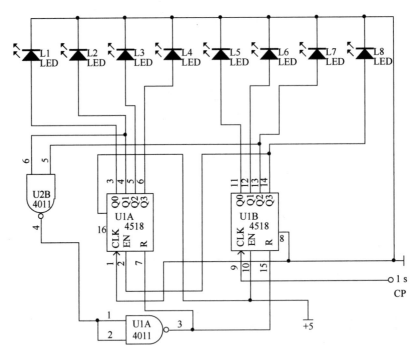

图 8.24　二十四进制计数器电路原理图

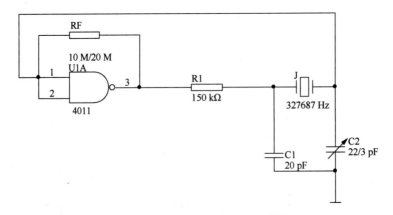

图 8.25　石英晶体振荡电路原理图

第 8 章 电子工艺实习项目

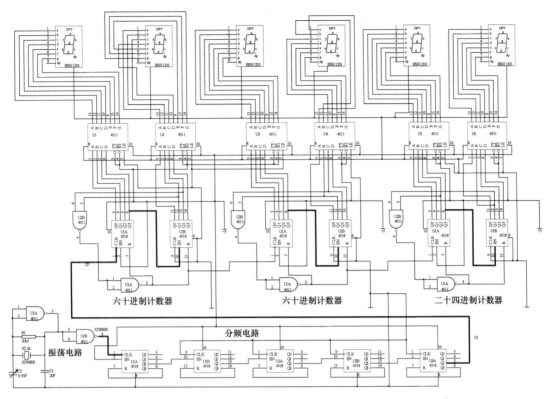

图 8.26 数字钟电路原理图

表 8.6 数字钟产品元器件清单

集成芯片		电阻、电容		数码管		晶体振荡器	
CD4511	6 片	20 MΩ	1 只	共阴数码管	6 个	石英晶体 32 768 Hz	1 个
CD4011	4 片	220 Ω	6 只	导线			
CD4518	6 片	12~20 pF	1 只	200	根		
		5/20 pF 可调	1 只				

(a)

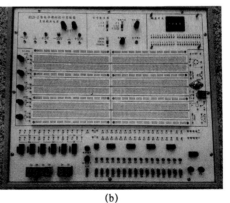

(b)

图 8.27 数字实验箱

(a) 模拟器件

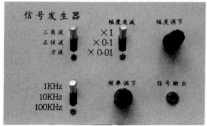

(b) 信号发生器

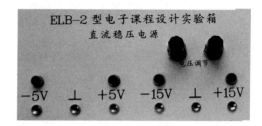

(C) 直流电源

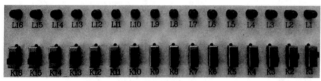

(d) 编码状态

(e) 译码、驱动、显示

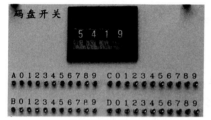

(f) 码盘开关

(g) 电位器

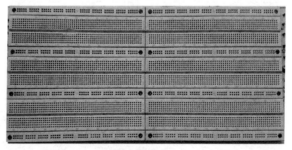

(h) 面包板

(i) 连续方波

(j) 单次脉冲

图 8.28　数字实验箱的功能区域

6. 电子技术实习报告的要求

(1) 实习报告的格式要求。

实习报告的基本格式与规范等按所发实习报告册撰写。实习报告应包括以下内容。

① 实习报告封面按规定填写。
② 附实习任务书。
③ 实习的目的。
④ 设计出的原理图。
⑤ 元器件检测内容。
⑥ 实习的过程与内容。
⑦ 结果与分析。
⑧ 实习总结。

(2) 其他要求。

① 实习报告在实习结束后的下个周一完成。
② 实习报告的字数不少于4000字，书写、画图、记录要认真、规范。
③ 要求统一用学院所发实习报告册。
④ 要有自己的思想、数据，不能照抄资料或别的同学的报告内容。

7. 实习评分标准

数字钟的设计与制作实习评分标准如表8.7所示。

表8.7 数字钟的设计与制作实习评分标准

产品设计、搭接、调试	检测报告	纪律考核	实习报告	否决项	否决项	否决项
50%	10%	20%	20%	实习报告未交	旷课半天	不按工艺实习

8. 实习作业（检测报告）

(1) 设计绘制出十进制、八进制、六十进制、二十四进制计数器接线图并做电路原理说明。
(2) 绘制出CD4011、CD4518、CD4511、BS311201等元件引脚图形及测量电路图形。
(3) 写出设计电路的元器件清单（表格）。
(4) 绘制出完整的数字钟电路原理图。
(5) 熟悉数字实验箱的功能。
(6) 怎样搭接和调试数字钟电路。
(7) 如何解决在电路搭接中出现的问题？
(8) 陈述数字钟的搭接工艺过程。
(9) 陈述数字钟的调试过程。
(10) 设计绘制出1秒的分频电路。

9. 元器件参数检测格式

元器件参数检测格式，参见附录F。

10. 集成元器件检测报告

(1) 集成电路引脚的识别和工作条件。

① 识别。集成芯片标志在左，引脚向下，面对操作者左下引脚为 1 号引脚，逆时针方向旋转计数，集成电路引脚的识别如图 8.29 所示。

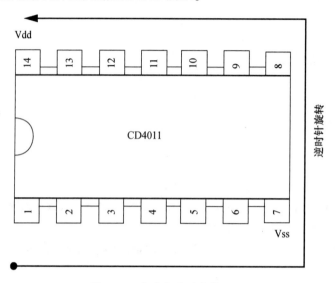

图 8.29　集成电路引脚的识别

② 工作条件。Vdd 为电源正极，Vss 为电源负极，使用 +5 V 电源。

(2) 集成电路的功能检测。

① CD4011 4 - 2 输入与非门检测。

CD4011A、B 端输入一组编码，F 端接发光二极管，CD4011 检测如图 8.30 所示。

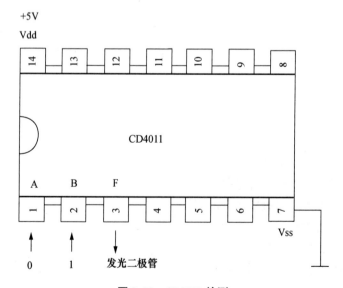

图 8.30　CD4011 检测

与非门检测结果如表 8.8 所示。

表 8.8　与非门检测结果

A	B	F	显示
1 引脚输入	2 引脚输入	3 引脚输出	LED 状态
0	0	1	亮
0	1	1	亮
1	0	1	亮
1	1	0	灭

② CD4511 4/7 译码驱动电路检测。

CD4511A、B、C、D 输入端输入一组编码，输出端 a、b、c、d、e、f、g 接一组显示器或数码管，CD4511 检测如图 8.31 所示。

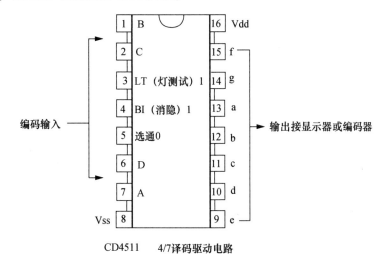

图 8.31　CD4511 检测

CD4511 检测结果如表 8.9 所示。

表 8.9　CD4511 检测结果

编码输入				译码显示结果							数码管显示器
D	C	B	A	显示结果亮（1）、灭（0）							共阴数码管显示结果
Q_{4A}	Q_{3A}	Q_{2A}	Q_{1A}	a	b	c	d	e	f	g	
0	0	0	1	1	1	0	0	0	0	0	1
0	0	1	0	1	1	0	1	1	0	1	2
0	0	1	1	1	1	1	1	0	0	1	3
0	1	0	0	0	1	1	0	0	1	1	4

续表

编码输入				译码显示结果							数码管显示器
D	C	B	A	显示结果亮（1）、灭（0）							
Q_{4A}	Q_{3A}	Q_{2A}	Q_{1A}	a	b	c	d	e	f	g	共阴数码管显示结果
0	1	0	1	1	0	1	1	0	1	1	5
0	1	1	0	0	0	1	1	1	1	1	b
0	1	1	1	1	1	1	0	0	0	0	7
1	0	0	0	1	1	1	1	1	1	1	8
1	0	0	1	1	1	1	0	0	1	1	9

注：① CP1 为上升沿，CT1 接高电平；CT1 为下降沿，CP1 接低电平。
② Q_{1A}、Q_{2A}、Q_{3A}、Q_{4A} 四位编码输出。
③ Vdd 为电源 +5 V，VSS 为地。

（3）CD4518 双十进制计数器检测。

CD4518 时钟端接一个方波信号，输出端 Q_{1A}、Q_{2A}、Q_{3A}、Q_{4A} 接一组显示器，CD4518 检测如图 8.32 所示。

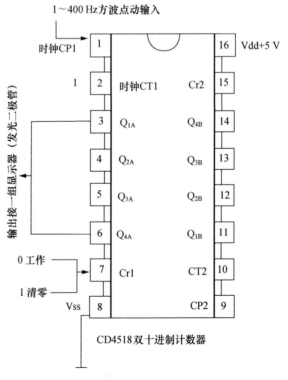

图 8.32　CD4518 检测

（4）共阴极数码管检测如图 8.33 所示。

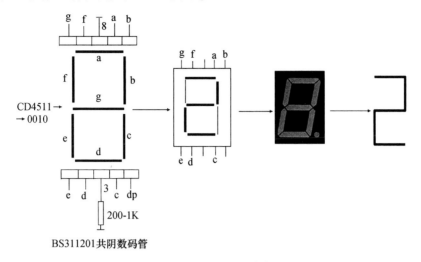

图 8.33 共阴极数码管检测

说明：① CD4511 的 a、b、c、d 输入端对应 CD4518 的 Q_{1A}、Q_{2A}、Q_{3A}、Q_{4A} 输出端。
② LT、BI 接高电平"1"，选通接低电平"0"。
③ a、b、c、d、e、f、g 为输出，接显示器 a、b、c、d、e、f、g。
④ 为接线方便一般把 +5 V 当作高电平"1"，电源地当作低电平"0"使用。

思考题

1. 如何提高电路搭接能力？
2. 如何提高电路设计能力？
3. 如何提高自身的实践动手能力和创新能力？
4. 如何提高电路故障的检查和排除能力？
5. 如何用指针式万用表测量数码管的质量好坏？
6. 怎样在面包板上规划电源母线？
7. 什么是计数器反馈归零法？

8.3 电子技术实习

8.3.1 实习的目的和基本要求

1. 实习目的

电子技术实习是电气类各专业重要的实践性教学环节。通过该实习，使学生对集成元器件的一些相关知识有感性认识，加深"数字电子技术"课程的理论知识；熟练掌握电子元器件的检测与识别；掌握电子元器件的焊接、电气元件的安装、连线等基本技能，掌握集成元器件的检测与识别；培养学生阅读电气原理图和电子线路图的能力。并在生产实践中，激发学生动手、动脑、勇于创新的积极性，培养学生严谨、认真、踏实、勤奋的学习精神和工作作风，为后续专业课程的学习打下坚实的基础。为学生今后从事生产技术工作打下必要的基础。

通过该实习帮助学生加深对所学理论的进一步理解和认识，熟悉并掌握电子产品的设计与组装，培养学生理论联系实际、分析解决实际问题的初步应用能力。实习要求学生在指导教师的帮助下独立完成按专业实习所设计的内容，进行数字钟的组装、调试和实习报告的整理工作。树立劳动观点，发扬理论联系实际的科学作风，增强实践工作能力。

2. 实习要求

通过电子技术实习，学生应具备以下动手实践能力。
（1）掌握电子元器件的焊接、拆焊技术。
（2）能够熟练进行集成元器件识别、性能测试、筛选。
（3）具备电子电路和电子产品装配能力。
（4）具备电子电路与电子产品调试能力。
（5）会正确使用电子仪器测量电参数。
（6）具备电子电路读图能力。
（7）培养编写实习报告的能力。
（8）具备电子产品质量检测的能力。

8.3.2 数字钟产品的装配

1. 实习目的和教学目标

（1）实习目的。
① 常用仪器仪表的熟练使用。
② 对集成元器件的认识。
③ 电路原理图及安装接线图的识图。
④ 对设计的电路能安装与调试。
⑤ 对常见电路故障的处理。
（2）教学目标。

让学生们明白实习目的、实习步骤和实习过程；掌握电子产品的安装和使用方法；进一步巩固常用电子元件的检测；检验和巩固理论知识；掌握焊接与安装工艺；提高动手能力和分析解决实践问题的能力；培养吃苦耐劳、不怕困难的精神；培养团结协作的团队精神。

2. 实习的元器件参数

（1）电阻：$6.8\ \text{k}\Omega \times 4$、$10\ \text{k}\Omega \times 1$、$120\ \text{k}\Omega \times 1$、$1\ \text{M}\Omega \times 1$。
（2）电容：$1000\ \mu\text{F}/16\ \text{V}$、$220\ \mu\text{F}/10\ \text{V}$、103、12 pF。

（3）电源变压器：220 V/7 V～8 V，1.5 k/2 Ω/2 W。电源变压器的初级引出线一般是红颜色的导线，电源变压器的次级引出线是灰颜色的导线或其他颜色的导线，原理图如图8.34所示。

（4）二极管：IN4001×9、50 V/1 A。

（5）三极管：9013×3/9012×1。

（6）电磁讯响器：HXD×1。蜂鸣器是一种小型化的电磁讯响器，可分为压电式、电磁式两种。根据音源不同，可分为有源和无源两种。蜂鸣器外形小巧、功耗低、工作稳定、驱动电路简单、安装方便、经济适用等。

（7）开关4+1型号WJW-D33，原理图如图8.35所示。

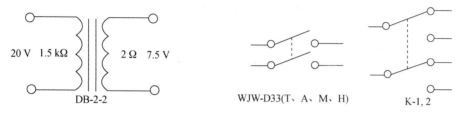

图8.34　电源变压器原理图　　　　图8.35　开关原理图

3. 读图的一般方法

（1）弄清功能，将图形划分成几个功能模块。
（2）突出重点，找出核心单元电路和关键点。
（3）明确电路的工作状态，逐级分析。
（4）按信号流程归纳、总结出全电路的工作原理和特性。电信号采用从左到右、自上而下的顺序，输入端在图纸的左上方，输出端在图纸的右下方。

4. 数字钟电路原理图

数字钟电路原理图如图8.36所示。

5. 电路原理图分析

根据教学需要分析电路原理图，部分元器件和网络功能如下。

（1）FTTL-655SB：双阴极显示屏。
（2）LM8560：双动态驱动、译码、计数、分频电路。COMS电路对电源要求不严，但正、负极绝不允许接反。
（3）R：降压、限流。
（4）K-1、2：闹时显示，如图8.35所示。
（5）D1、D2、D3、D4：桥式整流电路。
（6）D7、C1、C3：D、Cπ型滤波网络。
（7）D8：电子开关（0.5～0.7 V）。
（8）D6、D9：反向关断。
（9）R2：基极偏置电阻。

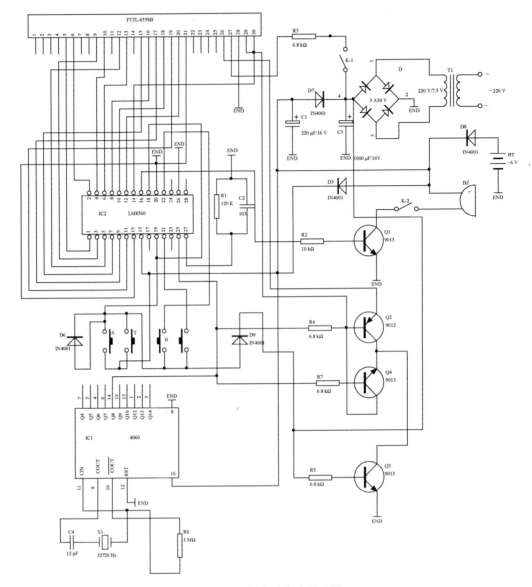

图 8.36 数字钟电路原理图

(10) R1C2:RC 振荡器。

(11) CD4060:CD4060 构成的 14 级振荡分频电路原理图,如图 8.37 所示。

(12) R6:稳定工作点,使振荡器工作在放大状态。

(13) C4:频率微调电容。

(14) 与非门 1:振荡。与非门 2:缓冲整形。

(15) T 和 M、H 配合使用调节时、分。

(16) A:报闹调节。

6. 安装接线图的分析

数字钟安装接线图、印制电路板图如图 8.38 所示,当电池供电时计时电路正常工作,显示器不会显示时间。

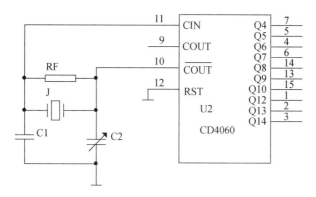

图 8.37　CD4060 构成的 14 级振荡分频电路原理图

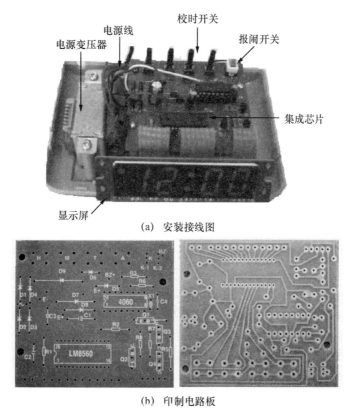

图 8.38　数字钟安装接线图、印制电路板图

7. 数字钟的焊接与安装工艺

(1) 焊接工艺。

① 手工焊接的基本步骤。手工焊接时,常采用五步操作法,即焊接采用准备施焊→加热被焊件→放上焊锡丝→移开焊锡丝→移开电烙铁。

A. 准备。首先把被焊件、焊锡丝和电烙铁准备好,处于随时焊接的状态。

B. 加热被焊件。把烙铁头放在接线端子和引线上进行加热。

C. 放上焊锡丝。被焊件经加热达到一定温度后,立即将手中的焊锡丝触到被焊件上使之熔化适量的焊料。注意焊锡应加到被焊件上与烙铁头对称的一侧，而不是直接加到烙铁头上。

D. 移开焊锡丝。当焊锡丝熔化一定量后（焊料不能太多），迅速移开焊锡丝。

E. 移开电烙铁。当焊料的扩散范围达到要求后移开电烙铁。撤离电烙铁的方向和速度的快慢与焊接质量密切有关，操作时应特别留心仔细体会。

② 五步法焊接操作要点。烙铁头保持清洁；烙铁头形状的选择；焊锡桥的运用；加热时间；焊锡量的控制。

③ 焊接注意事项。在焊接过程中除应严格按照以上步骤操作外，还应特别注意以下几个方面。

A. 烙铁的温度要适当。可将烙铁头放到松香上去检验，一般以松香熔化较快又不冒大烟的温度为适宜。

B. 焊接的时间要适当。从加热焊料到焊料熔化并流满焊接点，一般应在 3 s 内完成。若时间过长，助焊剂完全挥发，就失去了助焊的作用，会造成焊点表面粗糙，且易使焊点氧化。但焊接时间也不宜过短，时间过短则达不到焊接所需的温度，焊料不能充分融化，易造成虚焊。

C. 焊料与焊剂的使用要适量。若使用焊料过多，则多余的会流入管座的底部，降低引脚之间的绝缘性；若使用的焊剂过多，则易在引脚周围形成绝缘层，造成引脚与管座之间的接触不良。反之，焊料和焊剂过少易造成虚焊。

D. 焊接过程中不要触动焊接点。在焊接点上的焊料未完全冷却凝固时，不应移动被焊元件及导线，否则焊点易变形，也可能会出现虚焊现象。焊接过程中也要注意不要烫伤周围的元器件及导线。

（2）安装工艺。

① 一般焊接工序是先焊接高度较低的元器件，然后焊接高度较高的和要求较高的元器件等，次序是电阻→电容→二极管→三极管→开关→集成管座→其他元件等。

② 无论采用哪种工序印制板上的元器件都要排列整齐，同类元件要保持一样的高度。

③ 集成电路的安装焊接有两种方式，一种是直接将集成元件直接与印制板焊接，另一种是将专用插座焊接在印制板上，然后将集成元件插在专用插座上。当集成电路不使用插座而直接焊接到印制板上时，安全焊接顺序是地端→输出端→电源端→输入端。

④ 集成电路的成形与插装。

集成电路按引线的排列与封装方式可分为扁平式封装 [图 8.39（a）]、双列直插式和单列直插式封装见图 8.39（b）和金属圆形封装见图 8.39（c）。扁平式集成块的成形方法应自然弯曲一定的弧度，不得在根部弯曲受力，否则易折断引脚。双列直插式不需要成形，自然插入印刷板各引脚孔中，紧贴铜箔板。单列直插式也不需要成形，自然插入各引脚孔中，但距印刷板面应留有 3～5 mm 的高度。金属圆形封装的引脚较长，可自然成一定的弧形弯曲成形，成形后倒立安装。安装时管帽顶部靠近印刷板，引线向下弯，每条引线应套上绝缘套管以避免引线之间相互短接；如果对电路板的防震要求高，则可用绝缘垫固定引脚。

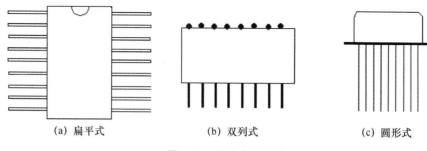

(a) 扁平式　　　　　(b) 双列式　　　　　(c) 圆形式

图 8.39　集成电路封装

(5) 安装注意事项。
① 元件高度不能超过本机最高元件的高度。
② 元件除三极管、电容、晶振外,其余元件均采用平焊放置(卧式)。
③ 排线按电路安装(5、7、6 顺序)。
④ 电源接头应用黄蜡管或热缩管套住,输入是红线,输出是黑线(或其他颜色)。
⑤ 显示屏应紧靠二支撑,盖后盖不要弄断搭扣。
⑥ 电磁讯响器安装在底座内。
⑦ D1~D4、D8、D5 剪去引脚长度的 2/3。
⑧ 开关 K-1、K-2 安装时要注意方向与焊盘对应,焊接时间要短。
⑨ 电容 C1、C3 贴底焊接。
⑩ 所有元器件安装好后再插装集成芯片 LM8560、CD4060。

8. 数字钟的时间校正及参数测试

(1) 按 T→H、M;A→M、H 开关进行时、分校正和闹钟时间的校正。
(2) 参数测试如图 8.40 所示。

图 8.40　参数测试

9. 电子技术实习工艺流程

数字钟的装配工艺流程如图 8.41 所示。

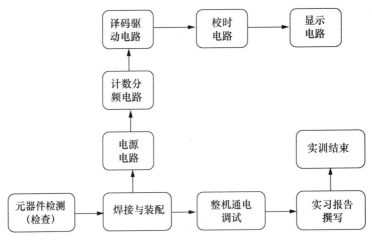

图 8.41 数字钟的装配工艺流程

10. 数字钟样品和散件

数字钟样品和散件如图 8.42 所示。

图 8.42 数字钟样品和散件

11. 简单电子产品的维修

（1）检查电源电压和关键点电压。
（2）检查整机电流。
（3）如果是初装机要检查元器件安装是否正确。
（4）检查焊点是否虚焊、粘连、断点等。
（5）助焊剂是否清洗干净。
（6）外接导线是否连接正确。
（7）检查有方向的元件是否安装正确（电解电容、二极管、三极管、集成元件、电磁讯响器、报闹开关等)。

(8) 整机正常后方可进行整机调试。

12. 搪锡(镀锡)

(1) 搪锡技术。

① 搪锡的概念。搪锡是液态焊锡对被焊金属表面浸润,形成一层既不同于被焊金属,又不同于焊锡的结合层。这一结合层是将焊锡和焊接的金属这两种性能、成分都不同的材料牢固地结合起来。

② 搪锡技术。是预先在元器件的引线、导线端头和各类线端子上挂上一层薄而均匀的焊锡,以便整机装配时顺利进行焊接工作。

③ 搪锡温度和时间如表 8.10 所示。

表 8.10 搪锡温度和时间

方式\内容	温度/℃	时间/s
电烙铁搪锡	300±10	1
搪锡槽搪锡	≤290	1~2
超声波搪锡	240~260	1~2

(2) 搪锡要求。

① 待镀面应清洁。

② 加热温度要足够。

③ 要使用有效助焊剂。

(3) 搪锡的方法。

① 电烙铁手工搪锡。

电烙铁搪锡适用于少量元器件和导线焊接前的搪锡,电烙铁手工搪锡如图 8.43 所示。搪锡时应先去除元器件引线和导线端头表面的氧化层,清洁烙铁头的工作面,然后加热引线和导线端头,在接触处加入适量有焊剂芯的焊锡丝,烙铁头带动融化的焊锡来回移动,完成搪锡。

A. 烙铁头要干净,不能带有污物,也不能使用氧化了的锡。

B. 烙铁头要大一点,有足够的吃锡量。

C. 电烙铁的功率及温度应根据不同元件进行适当选择。

D. 镀锡前,应对元器件的引线部分进行清洗处理,以利于镀锡。

E. 应选择合适的助焊剂,常用松香水。

F. 镀锡时其轴线应与烙铁头的移动方向一致,移动速度要均匀。

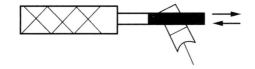

图 8.43 电烙铁手工搪锡

G. 多股导线镀锡时，要先剥去绝缘层，并将多股导线拧紧，然后再镀锡。

② 搪锡槽搪锡（一般为 3～5 s）。

搪锡槽搪锡如图 8.44 所示。搪锡时应先刮除焊料表面的氧化层，将导线或引线沾少量焊剂，垂直插入搪锡槽焊料中来回移动，搪锡后垂直取出。对温度敏感的元器件引线，应采取散热措施，以防元器件过热损坏。

③ 超声波搪锡。

超声波搪锡机发出的超声波在熔融的焊料中传播，在变幅杆端面产生强烈的空化作用，从而破坏引线表面的氧化层，净化引线表面。因此，可不必先刮除表面氧化层，就能使引线被顺利地搪上锡。把待搪锡的引线沿变幅杆的端面插入焊料槽焊料中，并在规定的时间内垂直取出即完成搪锡，超声波搪锡如图 8.45 所示。

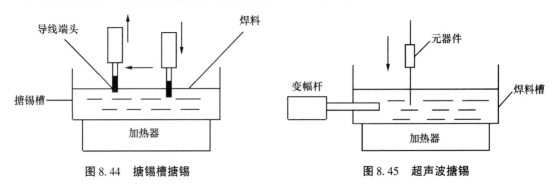

图 8.44　搪锡槽搪锡　　　　　　图 8.45　超声波搪锡

（4）搪锡的质量要求及操作注意事项。

① 质量要求。

经过搪锡的元器件引线和导线端头，其根部与离搪锡的地方应留有一定的距离，导线留 1 mm，元器件留 2 mm 以上。

② 搪锡操作应注意的事项如下。

A. 通过搪锡操作，熟悉并严格控制搪锡的温度和时间。

B. 当元器件引线去除氧化层且导线剥去绝缘层后，应立即搪锡，以免再次被氧化。

C. 对轴向引线的元器件搪锡时，一端引线搪锡后，要等元器件充分冷却后才能进行另一端引线的搪锡。

D. 部分元器件，如非密封继电器、波段开关等，一般不宜用搪锡槽搪锡，可采用电烙铁搪锡。搪锡时严防焊料和焊剂渗入元器件内部。

E. 在规定的时间内若搪锡质量不好，可待搪锡件冷却后，再进行第二次搪锡。若质量依旧不好，应立即停止操作并找出原因。

F. 经搪锡处理的元器件和导线要及时使用，一般不得超过 3 天，并需妥善保存。

G. 搪锡场地应通风良好，及时排除污染气体。

13. 实习报告撰写要求

（1）实习报告的格式要求。

实习报告的基本格式与规范等按学院所发实习报告册的要求撰写。实习报告应包括以下内容。

① 实习报告封面按规定填写。
② 附实习任务书。
③ 实习的目的。
④ 电子产品原理图。
⑤ 元器件检测内容。
⑥ 实习的过程与内容。
⑦ 结果与分析。
⑧ 实习总结。
(2) 其他方面的要求。
① 实习报告在实习结束后的下个周一完成。
② 实习报告的字数不少于4000字，书写、画图、记录要认真、规范。
③ 要求统一用学院所发实习报告册。
④ 要有自己的思想、数据，不能照抄资料或别的同学的报告内容。

14. 实习评分标准

数字钟装配实习评分标准如表8.11所示。

表8.11 数字钟装配实习评分标准

产品组装、调试、故障排除	检测报告	纪律考核	实习报告	否决项	否决项	否决项
60%	10%	10%	20%	实习报告未交	旷课半天	不按工艺实习

15. 实习作业（检测报告）

(1) 测量、读出电阻的主要参数及判断质量。
(2) 测量、读出电容的主要参数及判断质量。
(3) 测量三极管的 E、B、C、管型及主要参数，判断质量。
(4) 测量二极管的 PN 结及主要参数，判断质量。
(5) 测量变压器的主要参数并测绘出接线图，判断质量。
(6) 为何用图形表示出印制电路板上的标识？
(7) 详细陈述出电子产品的焊接工艺和安装工艺。
(8) 陈述整个电子产品的装配工艺过程。
(9) 陈述电子产品的调试过程。
(10) 陈述搪锡原理及过程。
(11) 陈述手工"五步法"焊接工艺。
(12) 测绘出开关的通断图形。

16. 元器件参数检测格式

元器件参数检测格式，参见附录F。

思考题

1. 如何提高元器件拆卸和复原的能力?
2. 如何提高电路故障分析能力?
3. 如何提高自身的实践动手能力和创新能力?
4. 如何提高电路故障的检查和排除能力?
5. 如何分析电子产品原理图?
6. 如何分析电子产品安装接线图?
7. 如何用指针式万用表检测石英晶体振荡器的好坏?
8. 如何识别集成芯片的引脚?
9. 如何进行集成芯片的代换?
10. 在电路原理图中,CD4060 的 13 引脚输出什么样的波形?画出波形图。

8.4 印制电路板设计与制作实习

8.4.1 实习的目的和基本要求

1. 实习的目的

印制电路板设计与制作实习是电气类各专业重要的实践性教学环节。通过该实习,使学生初步接触印制电路板的设计与制作,获得利用印制电路板来制作具体产品的基本知识和基本操作技能,为学生今后从事生产技术工作打下必要的基础。

通过该实习帮助学生加深对所学理论的进一步理解和认识,熟悉并掌握印制电路板的设计与制作,培养学生理论联系实际、分析解决实际问题的初步应用能力。实习要求学生在指导教师的帮助下自行完成按专业实习所规定的题目,进行印制板的设计、制作和实习报告的整理工作。树立劳动观点,发扬理论联系实际的科学作风,增强实践工作能力。

2. 实习的基本要求

通过印制电路板实习,学生应具备以下实践动手能力。
（1）打印出设计的印制板图。
（2）利用制板系统制作印制电路板。
（3）利用数控钻孔机打孔、割边。
（4）利用绿油系统制作阻焊层。

通过本实习任务的设计制作,要求了解印制电路板的基本常识和工艺,学习印刷线路的设计方法,掌握印制电路板的设计、制作方法以及数控钻的使用方法,提高印制电路板的制作能力。

8.4.2 产量计数器

1. 实习目的和教学要求

(1) 实习目的。

① 了解电子电路的设计和工作原理,训练读图和分析能力。
② 学习用 Protel 99SE 软件编辑电子线路原理图并根据要求设计印制电路板图。
③ 学习手工制作印制电路板,练习和掌握电子电路的手工安装、焊接技术。
④ 熟悉所用电子器件的测试,训练电子电路调试的能力。

(2) 教学要求。

① 正确绘制电路原理图、设置各元器件的属性。
② 单面板设计,印制电路板尺寸为 15 cm×10 cm,地线宽度为 1.5 mm,电源线宽度为 1 mm,导线宽度为 0.8 mm;双面板设计,印制电路板尺寸为 100 mm×150 mm。当然也可根据电路的复杂程度选择尺寸大一些的覆铜板。
③ 元器件封装设计合理正确。
④ 布线规则设计满足要求。
⑤ 元器件布局整齐,布线合理且规范。
⑥ 熟悉电路板制作工艺流程,制作电路板操作正确。
⑦ 正确安装元器件,元器件焊接符合工艺标准。
⑧ 电路正常运行,实现功能正确,测试合格。
⑨ 编写项目实习报告。

2. 用 Protel 99SE 绘制产量计数器原理图

用 Protel 99SE 绘制产量计数器原理图,如图 8.46 所示。

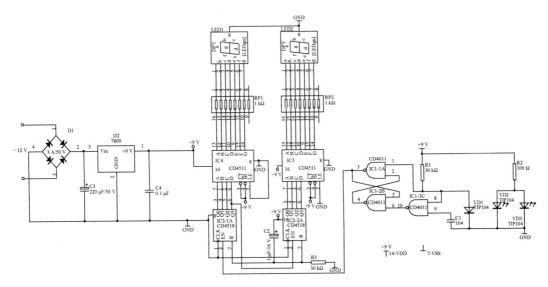

图 8.46 产量计数器原理图

3. 用 Protel 99SE 绘制产量计数器双面板 PCB 图

（1）印制电路板顶层（Top Layer、Keep Out Layer、Multilayer），如图 8.47 所示。

（2）印制电路板底层（Motto Layer、Keep Out Layer、Multilayer），如图 8.48 所示。

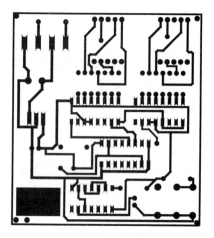

图 8.47　印制电路板顶层

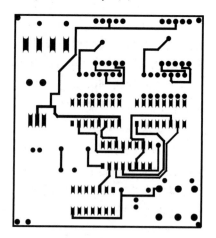

图 8.48　印制电路板底层

（3）印制电路板（Top Layer、Bottom Layer、Keep Out Layer、Multilayer、Top Over Layer），如图 8.49 所示。

（4）印制电路板丝印层（Top Overlay、Keep Outlay），如图 8.50 所示。

（5）印制电路板阻焊层（Multilayer、Keep Outlay），如图 8.51 所示。

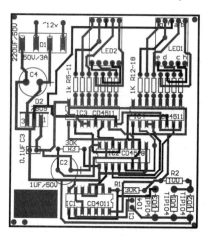

图 8.49　印制电路板

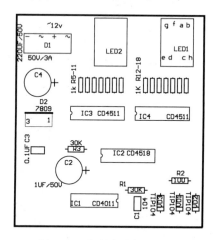

图 8.50　印制电路板丝印层

4. 用 Protel 99SE 绘制产量计数器单面板 PCB 图

（1）产量计数器单面板 PCB 图（Top Kayer、Keep Out Layer、Multilayer、Top Overlay），如图 8.52 所示。

（2）产量计数器单面板丝印层（Top Overlay、Keep Outlay），如图 8.53 所示。

（3）产量计数器单面板多层（Multilayer、Keep Outlay），如图 8.54 所示。

(4)产量计数器单面板顶层(Top Layer、Bottom Layer、Multilayer、Keep Outlay),如图 8.55 所示。

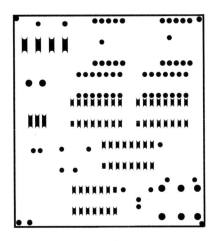

图 8.51 印制电路板阻焊层

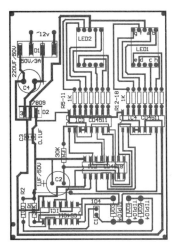

图 8.52 产量计数器单面板 PCB 图

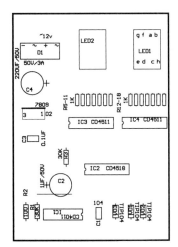

图 8.53 产量计数器
单面板丝印层

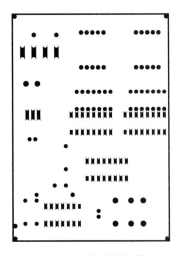

图 8.54 产量计数器
单面板多层

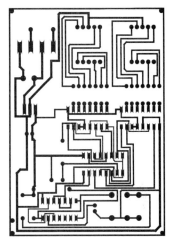

图 8.55 产量计数器
单面板顶层

5. 产量计数器工艺文件

(1)印制电路板实物装配图。
(2)产量计数器元器件明细表(MX),如表 8.12 所示。

表 8.12 产量计数器元器件明细表(MX)

序号	名称	型号及规格	数量	位号	参考价格	备注
1	计数器	CD4518	1			
2	译码器	CD4511	2			
3	整流二极管	IN4007	4	D1~D4		
4	×××	×××	×	×	×	

（3）产量计数器功能方框图。

（4）产量计数器使用说明书。

（5）产量计数器工艺文件封面，采用 A4 大小的纸，如图 8.56 所示。

工 艺 文 件

第1 册

共15页

共1 册

产品型号：CJQ-1

产品名称：产量计数器

产品图号：1

批准________

2017年4月19日

×××学院×××系PCB实习基地

图 8.56 产量计数器工艺文件封面

6. 实习报告的撰写要求

（1）实习报告封面按规定要求填写。

（2）附实习任务书。

（3）目录。

（4）工艺文件封面。

（5）正文。正文包括电路原理图、印制板图、印制板装配图（丝印层）、焊盘层、所有层、顶层、底层、实物装配图、元器件明细表、元器件汇总表、功能方框图、使用说明书等。

（6）实习总结（心得体会）。

8.4.3 直流稳压电源

1. 实习目的和教学要求

（1）实习目的。

① 了解电子电路的设计和工作原理，训练读图和分析能力。

② 学习用 Protel 99SE 软件编辑电子线路原理图并根据要求设计印制电路板图。

③ 学习手工制作印制电路板，练习和掌握电子电路的手工安装、焊接技术。

④ 熟悉所用电子元器件的测试，训练电子电路调试的能力。

（2）教学要求。

① 正确绘制电路原理图、设置各元器件的属性。

② 单面板设计，印制电路板尺寸为 15 cm × 10 cm，地线宽度为 1.5 mm，电源线宽度为 1 mm，导线宽度为 0.8 mm；双面板设计，印制电路板尺寸为 100 mm × 150 mm。当然也可根据电路的复杂程度选择尺寸大一些的覆铜板。

③ 元件封装设计合理正确。

④ 布线规则设计满足要求。

⑤ 元器件布局整齐，布线合理且规范。

⑥ 熟悉电路板制作工艺流程，制作电路板操作正确。

⑦ 正确安装元器件，元器件焊接符合工艺标准。

⑧ 电路正常运行，实现功能正确，测试合格。

⑨ 编写项目实习报告。

2. 用 Protel 99SE 绘制直流可调稳压电源原理图

用 Protel 99SE 绘制直流可调稳压电源原理图，如图 8.57 所示。

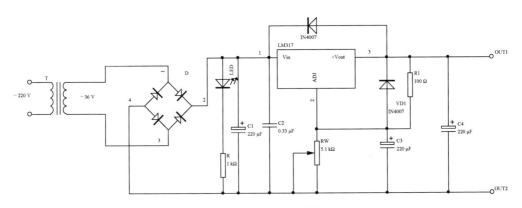

图 8.57　直流可调稳压电源原理图

3. 用 Protel 99SE 绘制直流可调稳压电源双面板 PCB 图

（1）印制电路板顶层（Top Layer、Keep Out Layer、Multilayer），如图 8.58 所示。

（2）印制电路板底层（Motto Layer、Keep Out Layer、Multilayer），如图 8.59 所示。

（3）双面板 PCB 图（Top Layer、Bottom Layer、Keep Out Layer、Multilayer、Top Over Layer），如图 8.60 所示。

（4）印制电路板丝印层（Top Overlay、Keep Out Layer），如图 8.61 所示。

（5）印制电路板阻焊层（Multilayer、Keep Outlay），如图 8.62 所示。

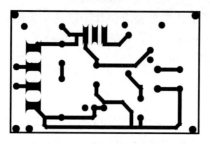
图 8.58 印制电路板顶层
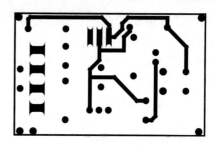
图 8.59 印制电路板底层

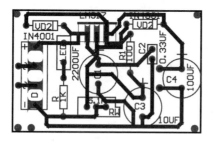
图 8.60 双面板印制电路板图
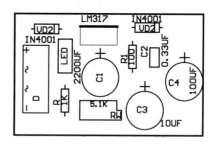
图 8.61 印制电路板丝印层

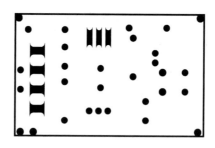
图 8.62 印制电路板阻焊层

4. 用 Protel 99SE 绘制直流可调稳压电源单面板 PCB 图

(1) 直流可调稳压电源单面板 PCB 图（Top Layer、Keep Out Layer、Multilayer、Top Overlay），如图 8.63 所示。

(2) 直流可调稳压电源单面板丝印层（Top Overlay、Keep Outlay），如图 8.64 所示。

(3) 直流可调稳压电源单面板多层（Multilayer、Keep Outlay），如图 8.65 所示。

(4) 直流可调稳压电源单面板顶层（Top Layer、Bottom Lay、Multilayer、Keep Outlay），如图 8.66 所示。

5. 直流可调稳压电源工艺文件

(1) 印制电路板实物装配图。

(2) 直流可调稳压电源元器件明细表（MX），如表 8.13 所示。

(3) 直流可调稳压电源功能方框图。

(4) 直流可调稳压电源使用说明书。

(5) 直流可调稳压电源工艺文件封面，采用 A4 大小的纸，如图 8.67 所示。

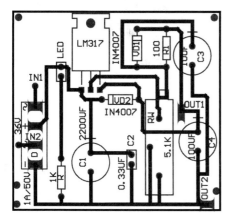

图 8.63 直流可调稳压电源单面板 PCB 图

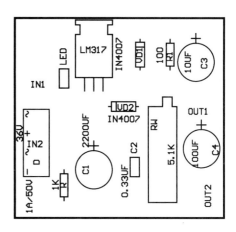

图 8.64 直流可调稳压电源单面板丝印层

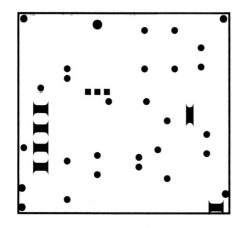

图 8.65 直流可调稳压电源单面板多层

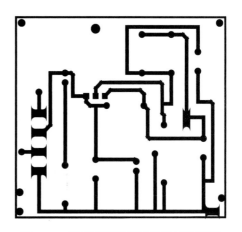

图 8.66 直流可调稳压电源单面板顶层

表 8.13 直流可调稳压电源元器件明细表（MX）

序号	名称	型号及规格	数量	位号	参考价格	备注
1	三端稳压块	LM317	1	LM317		
2	电解电容	220 μF/50 V	1	C1		
3	整流二极管	IN4007	4	D		
4	×××					

6. 实习报告的撰写要求

（1）实习报告封面按规定要求填写。
（2）附实习任务书。
（3）目录。
（4）工艺文件封面。
（5）正文。正文包括电路原理图、印制板图、印制板装配图（丝印层）、焊盘层、所有层、顶层、底层、实物装配图、元器件明细表、元器件汇总表、功能方框图、使用说明书等。
（6）实习总结（心得体会）。

```
          工 艺 文 件

                    第1册
                    共15页
                    共1册

          产品型号：ZWD-1
          产品名称：直流可调稳压电源
          产品图号：2

                    批准_____
                    2017年4月19日


          ×××学院×××系PCB实习基地
```

图 8.67　直流可调稳压电源工艺文件封面

8.4.4　函数发生器

1. 实习目的和教学要求

（1）实习目的。

① 了解电子电路的设计和工作原理，训练读图和分析能力。
② 学习用 Protel 99SE 软件编辑电子线路原理图并根据要求设计印制电路板图。
③ 学习手工制作印制电路板，练习和掌握电子电路的手工安装、焊接技术。
④ 熟悉所用电子器件的测试，训练电子电路调试的能力。

（2）教学要求。

① 正确绘制电路原理图、设置各元器件的属性。
② 单面板设计，印制电路板尺寸为 $15\,cm \times 10\,cm$，地线宽度为 $1.5\,mm$，电源线宽度为 $1\,mm$，导线宽度为 $0.8\,mm$；双面板设计，印制电路板尺寸为 $100\,mm \times 150\,mm$。当然也可根据电路的复杂程度选择尺寸大一些的覆铜板。
③ 元器件封装设计合理正确。
④ 布线规则设计满足要求。
⑤ 元器件布局整齐，布线合理且规范。
⑥ 熟悉电路板制作工艺流程，制作电路板操作正确。
⑦ 正确安装元器件，元器件焊接符合工艺标准。
⑧ 电路正常运行，实现功能正确，测试合格。

⑨ 编写项目实习报告。

2. 用 Protel 99SE 绘制函数发生器原理图

用 Protel 99SE 绘制函数发生器原理图，如图 8.68 所示。

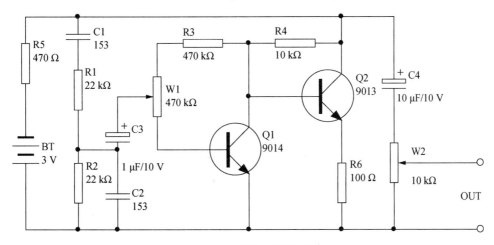

图 8.68 函数发生器原理图

3. 用 Protel 99SE 绘制产量计数器单面板 PCB 图

（1）函数发生器单面板 PCB 图（Top Layer、Keep Out Layer、Multilayer、Top Overlay），如图 8.69 所示。

（2）函数发生器单面板丝印层（Top Overlay、Keep Outlay），如图 8.70 所示。

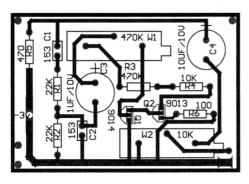 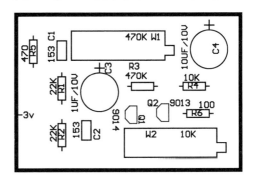

图 8.69 函数发生器单面板 PCB 图　　　图 8.70 函数发生器单面板丝印层

（3）函数发生器单面板多层（Multilayer、Keep Outlay），如图 8.71 所示。

（4）函数发生器单面板顶层（Top Layer、Bottom Layer、Multilayer、Keep Outlay），如图 8.72 所示。

4. 函数发生器工艺文件

（1）印制电路板实物装配图。

（2）函数发生器元器件明细表（MX），如表 8.14 所示。

（3）函数发生器功能方框图。

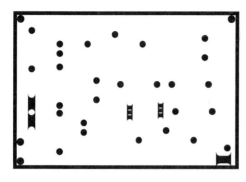
图 8.71 函数发生器单面板多层

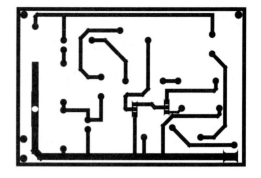
图 8.72 函数发生器单面板顶层

表 8.14　函数发生器元器件明细表（MX）

序号	名称	型号及规格	数量	位号	参考价格	备注
1	电阻	470 Ω	1	R5		
2	三极管	9014	1	Q1		
3	电位器	470 kΩ	1	W1		
4	×××					

（4）函数发生器使用说明书。

（5）函数发生器工艺文件封面，采用 A4 大小的纸，如图 8.73 所示。

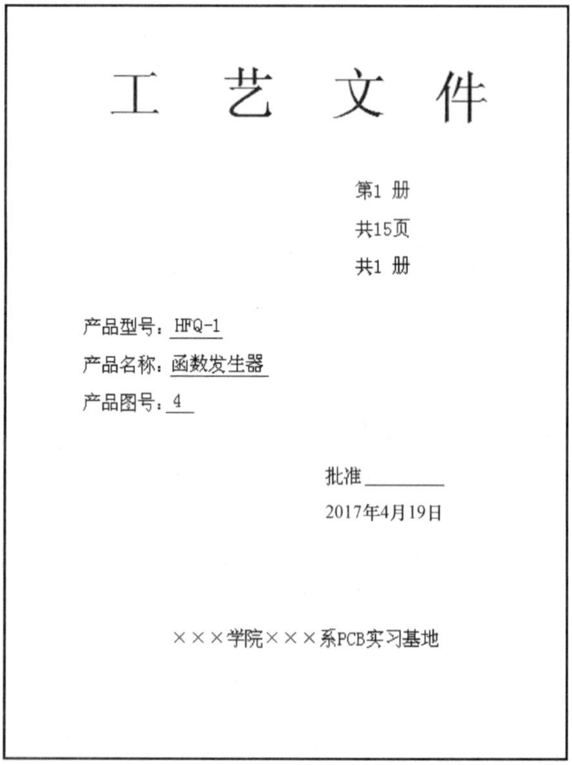

工 艺 文 件

第1册
共15页
共1册

产品型号：HFQ-1
产品名称：函数发生器
产品图号：4

批准_____
2017年4月19日

×××学院×××系PCB实习基地

图 8.73 函数发生器工艺文件封面

5. 实习报告的撰写要求

(1) 实习报告封面按规定要求填写。
(2) 附实习任务书。
(3) 目录。
(4) 工艺文件封面。
(5) 正文。正文包括电路原理图、印制板图、印制板装配图（丝印层）、焊盘层、所有层、顶层、底层、实物装配图、元器件明细表、元器件汇总表、功能方框图、使用说明书等。
(6) 实习总结（心得体会）。

8.4.5 计数器

1. 实习目的和教学要求

(1) 实习目的。
① 了解电子电路的设计和工作原理，训练读图和分析能力。
② 学习用 Protel 99SE 软件编辑电子线路原理图并根据要求设计印制电路板图。
③ 学习手工制作印制电路板，练习和掌握电子电路的手工安装、焊接技术。
④ 熟悉所用电子器件的测试，训练电子电路调试的能力。
(2) 教学要求。
① 正确绘制电路原理图、设置各元器件的属性。
② 单面板设计，印制电路板尺寸为 15 cm × 10 cm，地线宽度为 1.5 mm，电源线宽度为 1 mm，导线宽度为 0.8 mm；双面板设计，印制电路板尺寸为 100 mm × 150 mm。当然也可根据电路的复杂程度选择尺寸大一些的覆铜板。
③ 元器件封装设计合理正确。
④ 布线规则设计满足要求。
⑤ 元器件布局整齐，布线合理且规范。
⑥ 熟悉电路板制作工艺流程，制作电路板操作正确。
⑦ 正确安装元器件，元器件焊接符合工艺标准。
⑧ 电路正常运行，实现功能正确，测试合格。
⑨ 编写项目实习报告。

2. 用 Protel 99SE 绘制计数器原理图

用 Protel 99SE 绘制计数器原理图，如图 8.74 所示。

3. 用 Protel 99SE 绘制计数器双面板 PCB 图

(1) 印制电路板顶层（Top Layer、Keep Out Layer、Multilayer），如图 8.75 所示。
(2) 印制电路板底层（Motto Layer、Keep Out Layer、Multilayer），如图 8.76 所示。
(3) 双面板 PCB 图（Top Layer、Bottom Layer、Keep Out Layer、Multilayer、Top Over Layer），如图 8.77 所示。
(4) 印制电路板丝印层（Top Overlay、Keep Outlay），如图 8.78 所示。

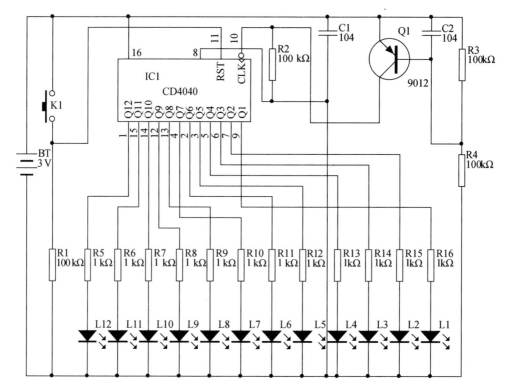

图 8.74 计数器原理图

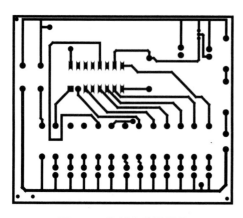

图 8.75 印制电路板顶层

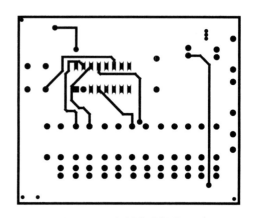

图 8.76 印制电路板底层

(5) 印制电路板阻焊层（Multilayer、Keep Outlay），如图 8.79 所示。

4. 用 Protel 99SE 绘制计数器单面板 PCB 图

(1) 计数器单面板 PCB 图（Top Layer、Leep Out Layer、Multilayer、Top Overlay），如图 8.80 所示。

(2) 计数器单面板丝印层（Top Overlay、Keep Outlay），如图 8.81 所示。

(3) 计数器单面板多层（Multilayer、Keep Outlay），如图 8.82 所示。

(4) 计数器单面板顶层（Top Layer、Bottom Layer、Multilayer、Keep Outlay），如图 8.83 所示。

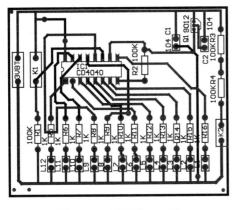

图 8.77 双面板 PCB 图

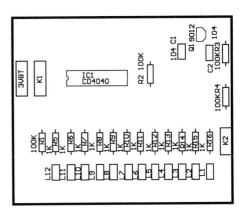

图 8.78 印制电路板丝印层

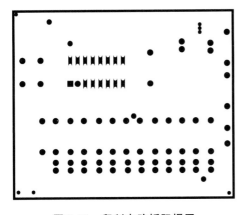

图 8.79 印制电路板阻焊层

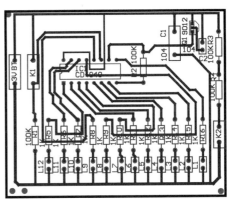

图 8.80 计数器单面板 PCB 图

5. 计数器工艺文件

（1）印制电路板实物装配图。
（2）计数器元器件明细表（MX），如表 8.15 所示。
（3）计数器功能方框图。
（4）计数器使用说明书。
（5）计数器工艺文件封面，采用 A4 大小的纸，如图 8.84 所示。

6. 实习报告撰写

（1）实习报告封面按规定要求填写。
（2）附实习任务书。
（3）目录。
（4）工艺文件封面。
（5）正文。正文包括电路原理图、印制板图、印制板装配图（丝印层）、焊盘层、所有层、顶层、底层、实物装配图、元器件明细表、元器件汇总表、功能方框图、使用说明书等。

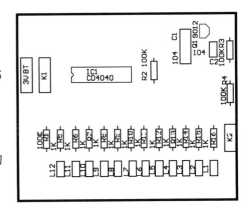

图 8.81 计数器单面板丝印层

（6）实习总结（心得体会）。

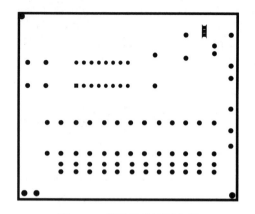

图 8.82 计数器单面板多层

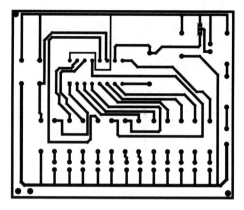

图 8.83 计数器单面板顶层

表 8.15 计数器元器件明细表（MX）

序号	名称	型号及规格	数量	位号	参考价格	备注
1	集成芯片	CD4040	1	IC1		
2	瓷片电容	104	1	C2		
3	×××	×××	×	×		

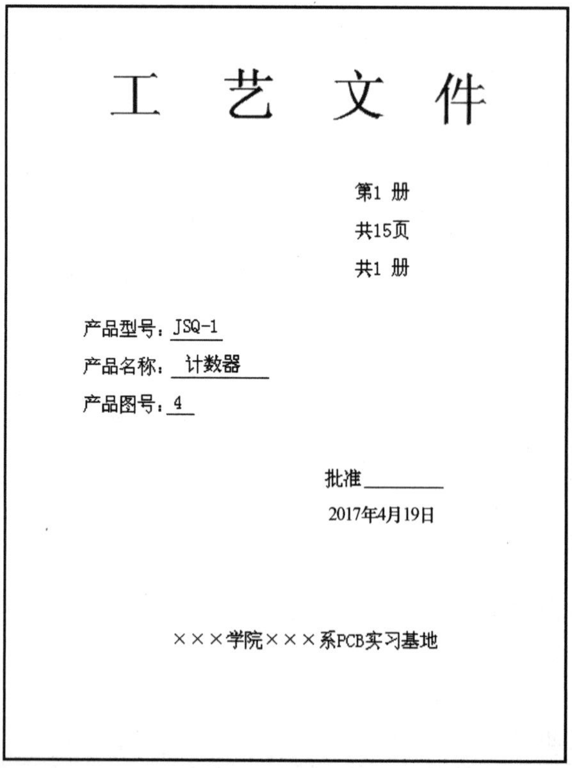

工 艺 文 件

第1册
共15页
共1册

产品型号：JSQ-1
产品名称：计数器
产品图号：4

批准_____
2017年4月19日

×××学院×××系PCB实习基地

图 8.84 计数器工艺文件封面

7. 实习评分标准

印制电路板设计与制作、电子产品组装及质量检测实习评分标准分别如表 8.16～表 8.18 所示。

表 8.16 印制电路板制作评分标准

印制电路板制作	质量检测	纪律考核	实习报告	否决项	否决项	否决项
40%	20%	20%	20%	实习报告未交	旷课半天	不按工艺实习

表 8.17 印制电路板设计评分标准

印制电路板设计	答辩	纪律考核	实习报告	否决项	否决项	否决项
40%	20%	20%	20%	设计报告未交	旷课半天	

表 8.18 电子产品组装及质量检测评分标准

产品组装、质量检测	检测报告	纪律考核	实习报告	否决项	否决项	否决项
40%	20%	20%	20%	实习报告未交	旷课半天	不按工艺实习

8.4.6 水位控制器

1. 实习目的和教学要求

(1) 实习目的。
① 了解电子电路的设计和工作原理,训练读图和分析能力。
② 学习用 Protel 99SE 软件编辑电子线路原理图并根据要求设计印制电路板图。
③ 学习手工制作印制电路板,练习和掌握电子电路的手工安装、焊接技术。
④ 熟悉所用电子器件的测试,训练电子电路调试的能力。
(2) 教学要求。
① 正确绘制电路原理图、设置各元器件的属性。
② 单面板设计,印制电路板尺寸为 15 cm × 10 cm,地线宽度为 1.5 mm,电源线宽度为 1 mm,导线宽度为 0.8 mm;双面板设计,印制电路板尺寸为 100 mm × 150 mm。当然也可根据电路的复杂程度选择尺寸大一些的覆铜板。
③ 元件封装设计合理正确。
④ 布线规则设计满足要求。
⑤ 元件布局整齐,布线合理且规范。
⑥ 熟悉电路板制作工艺流程,制板操作正确。
⑦ 正确安装元器件,元器件焊接符合工艺标准。
⑧ 电路正常运行,实现功能正确,测试合格。
⑨ 编写项目实习报告。

2. 用 Protel 99SE 绘制水位控制器原理图

用 Protel 99SE 绘制水位控制器原理图如图 8.85 所示。

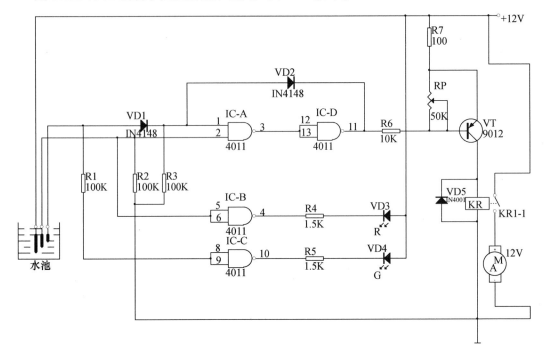

图 8.85　水位控制器原理图

8.4.7　双触摸控制开关

1. 实习目的和教学要求

（1）实习目的。

① 了解电子电路的设计和工作原理，训练读图和分析能力。
② 学习用 Protel 99SE 软件编辑电子线路原理图并根据要求设计印制电路板图。
③ 学习手工制作印制电路板，练习和掌握电子电路的手工安装、焊接技术。
④ 熟悉所用电子器件的测试，训练电子电路调试的能力。

（2）教学要求。

① 正确绘制电路原理图、设置各元器件的属性。
② 单面板设计，印制电路板尺寸为 15 cm×10 cm，地线宽度为 1.5 mm，电源线宽度为 1 mm，导线宽度为 0.8 mm；双面板设计，印制电路板尺寸为 100 mm×150 mm。当然也可根据电路的复杂程度选择尺寸大一些的覆铜板。
③ 元件封装设计合理正确。
④ 布线规则设计满足要求。
⑤ 元件布局整齐，布线合理且规范。
⑥ 熟悉电路板制作工艺流程，制板操作正确。

⑦ 正确安装元器件,元器件焊接符合工艺标准。
⑧ 电路正常运行,实现功能正确,测试合格。
⑨ 编写项目实习报告。

2. 用 Protel 99SE 绘制双触摸控制开关原理图

用 Protel 99SE 绘制双触摸控制开关原理图,如图 8.86 所示。

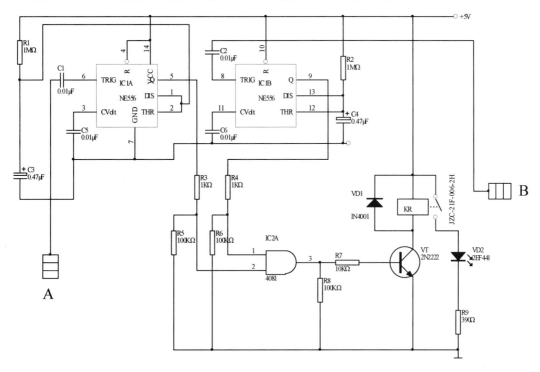

图 8.86 双触摸控制开关原理图

注:印制电路板设计制作参照其他任务所述。

8.4.8 印制电路板制作设备

印制电路板制作设备如图 8.87 所示。

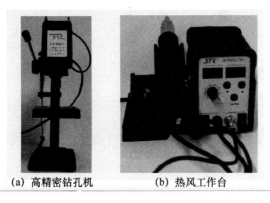

(a) 高精密钻孔机　　(b) 热风工作台

图 8.87 印制电路板制作设备

(c) 智能烘干箱

(d) 数控钻孔机

(e) 真空双面曝光机

(f) 多功能环保快速制板系统

(g) PCB裁板刀

(h) 丝印机

图 8.87　印制电路板制作设备（续）

8.4.9　制作的印制电路板

设计制作的印制电路板如图 8.88 所示。

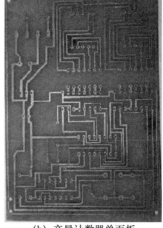

(a) 产量计数器双面板　　　　(b) 产量计数器单面板

图 8.88　设计制作的印制电路板

8.4.10　焊盘与线宽实际制作参考尺寸

1. 常用元器件焊盘与孔径

（1）集成芯片焊盘，2.032 mm×1.27 mm、Round、孔径为 0.8128 mm。
（2）正常焊盘，2.54 mm×2.54 mm、Round、孔径为 1.016 mm。
（3）长形焊盘，2 mm×4 mm、Round、孔径为 1.0668 mm。
（4）电解电容焊盘，1.8 mm×1.8 mm、Round、孔径为 0.7112 mm。
（5）过孔，1.8 mm×1.8 mm、Round、孔径为 0.8 mm。
（6）电阻焊盘，1.8 mm×1.8 mm、Round、孔径为 0.8128 mm。
（7）数码管焊盘，1.95 mm×1.95 mm、Round、孔径为 0.8 mm。

2. 手工制作 PCB 板的线宽与常用元件的孔径

（1）线宽为 0.8 mm，电源线宽为 1 mm，禁止布线层线宽为 0.6 mm，集成芯片焊盘间穿线为 0.4 mm。
（2）电解电容孔径为 0.5 mm。
（3）瓷片电容孔径为 0.3 mm。
（4）集成芯片孔径为 0.4～0.5 mm，集成管座孔径为 0.5 mm。
（5）二极管孔径为 0.6 mm（IN4000 系列）。
（6）电阻孔径为 0.3 mm。
（7）石英晶体孔径为 0.3 mm。
（8）导线孔径为 0.5 mm。
（9）三极管孔径为 0.4 mm。

思考题

1. 如何利用 Protel 99SE 软件设计印制电路板？
2. 如何提高印制电路板的设计能力？

3. 如何提高自身的实践动手能力和创新能力？
4. 如何制作印制电路板？
5. 如何使用数控钻孔机？
6. 如何使用多功能制板系统？
7. 如何利用丝印机做阻焊层和字符层？
8. 如何打印输出印制电路板制作图形？
9. 如何进行印制电路板焊盘孔径的设置？
10. 怎样进行产品质量检测？

8.5 表面安装技术工艺实习

8.5.1 实习的目的和基本要求

1. 实习目的

通过 SMT 实习，了解 SMT 的特点，熟悉它的基本工艺过程，掌握最基本的操作技艺，学习整机的装配工艺；培养动手能力及严谨的工作作风。

2. 实习要求

（1）了解 SMT 技术的特点和发展趋势。
（2）熟悉 SMT 技术的基本工艺过程。
（3）认识常见的 SMT 元件。
（4）根据技术指标测试 SMT 各种元件的主要参数。
（5）掌握最基本的 SMT 操作技艺。
（6）按照技术要求进行 SMT 元件的安装焊接。
（7）制作一台用 SMT 和 THT 元件组装的电子产品。

8.5.2 电调谐微型 FM 收音机

1. 实习产品的特点

（1）采用电调谐单片 FM 收音机集成电路，调谐方便准确。
（2）接收频率为 87～108 MHz。
（3）较高接收灵敏度。
（4）外形小巧，便于随身携带。电调谐微型 FM 收音机外观图如图 8.89 所示。
（5）电源范围为 1.8～3.5 V，充电电池（1.2 V）和一次性电池（1.5 V）均可工作。
（6）内设静噪电路，抑制调谐过程中的噪声。

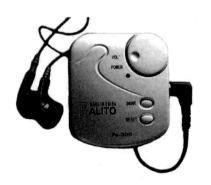

图 8.89 电调谐微型 FM 收音机外观图

2. 工作原理

该电路的核心是单片收音机集成电路 SC1088。它采用先进的低中频（70 kHz）技术，外围电路省去了中频变压器、陶瓷滤波器，使电路简单可靠，调试方便。SC1088 采用 SOT 16 脚封装，表 8.19 是 FM 收音机集成电路 SC1088 引脚功能，图 8.90 是电路原理图。

表 8.19　FM 收音机集成电路 SC1088 引脚功能

引脚	功能	引脚	功能	引脚	功能	引脚	功能
1	静噪输出	5	本振调谐回路	9	IF 输入	13	限幅器失调电压电容
2	音频输出	6	IF 反馈	10	IF 限幅放大器的低通电容器	14	接地
3	AF 环路滤波	7	1 dB 放大器的低通电容器	11	射频信号输入	15	全通滤波电容搜索调谐输入
4	Vcc	8	IF 输出	12	射频信号输入	16	电调谐 AFC 输出

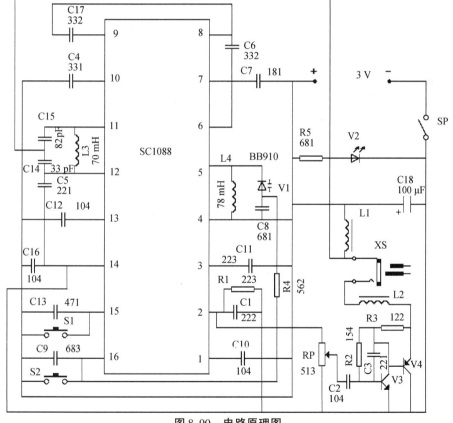

图 8.90　电路原理图

（1）FM 信号输入。调频信号由耳机线馈入经 C14、C13、C15 和 L1 的输入电路进入 IC 的 11、12 引脚混频电路。此处的 FM 信号没有调谐的调频信号，即所有调频电台信号均可进入。

（2）本振调谐电路。本振电路中关键元器件是变容二极管，它是利用 PN 结的结电容与偏压有关的特性制成的"可变电容"。

如图 8.91（a）所示，变容二极管加反向电压 U_s，其结电容 C_d 与 U_s 的特性如图 8.91（b）所示，它们之间是非线性关系。这种电压控制的可变电容广泛用于电调谐、扫频等电路。

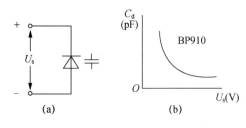

图 8.91 变容二极管

本电路中,控制变容二极管 V1 的电压由 IC 第 16 引脚给出。当按下扫描开关 S1 时,IC 内部的 RS 触发器打开恒流源,由 16 引脚向电容 C9 充电,C9 两端电压不断上升,V1 电容量不断变化,由 V1、C8、L4 构成的本振电路的频率不断变化而进行调谐。当收到电台信号后,信号检测电路使 IC 内的 RS 触发器翻转,恒流源停止对 C9 充电,同时在 AFC(Automatic Frequency Control)电路作用下,锁住所接收的广播节目频率,从而可以稳定接收电台广播,直到再次按下 S1 开始新的搜索。当按下 RESET 开关 S2 时,电容 C9 放电,本振频率回到最低端。

(3)中频放大、限幅与鉴频。

电路的中频放大、限幅与鉴频电路的有源器件及电阻均在 IC 内。FM 广播信号和本振电路信号在 IC 内混频器中混频产生 70 kHz 的中频信号,经内部 1 dB 放大器,中频限幅器,送到鉴频器检出音频信号,经内部环路滤波后由 2 引脚输出音频信号。电路中 1 引脚的 C10 为静噪电容,3 引脚的 C11 为 AF(音频)环路滤波电容,6 引脚的 C6 为中频反馈电容,7 引脚的 C7 为低通电容,8 引脚与 9 引脚之间的电容 C17 为中频耦合电容,10 引脚的 C4 为限幅器的低通电容,13 引脚的 C12 为中限幅器失调电压电容,C13 为滤波电容。

(4)耳机放大电路。

由于用耳机收听,所需功率很小,本机采用了简单的晶体管放大电路,2 引脚输出的音频信号经电位器 RP 调节电量后,由 V3、V4 组成复合管甲类放大。R1 和 C1 组成音频输出负载,线圈 L1 和 L2 为射频与音频隔离线圈。这种电路耗电大小与有无广播信号以及音量大小关系不大,不收听时要关断电源。

3. 实习产品安装工艺

(1)安装工艺流程。

SMT 实习产品装配工艺流程如图 8.92 所示。

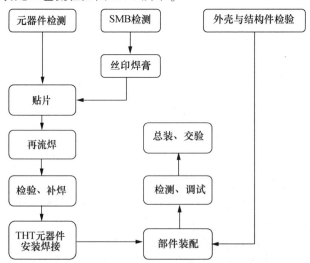

图 8.92 SMT 实习产品装配工艺流程

(2) 安装步骤及要求。

① 技术准备。

A. 了解 SMT 基本知识。

a. SMC 及 SMD 特点及安装要求。

b. SMB 设计及检验。

c. SMT 工艺过程。

d. 再流焊工艺及设备。

B. 实习产品简单原理。

C. 实习产品结构及安装要求。其中，SMB——表面安装印制板，THT——通孔安装技术，SMC——表面安装元件，SMD——表面安装器件。

② 安装前检查。

A. SMB 检查。对照图 8.93 检查：图形完整，有无短、断缺陷、孔位及尺寸、表面涂覆（阻焊层）。

B. 外壳及结构件检查。按材料表清查零件品种规格及数量，检查外壳有无缺陷及外观损伤。

C. THT 元件检测。

a. 电位器阻值调节特性。

b. LED、线圈、电解电容、插座、开关的好坏。

c. 判断变容二极管的好坏及极性。

③ 贴片及焊接，如图 8.93（a）所示。

A. 丝印焊膏，并检查印刷情况。

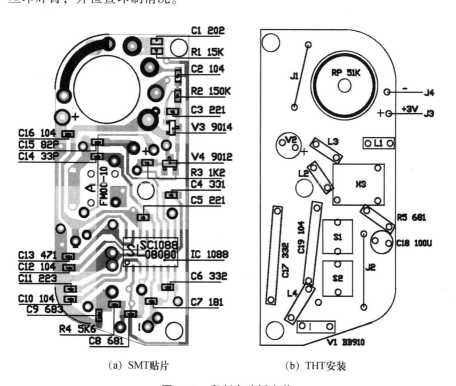

(a) SMT贴片　　　　(b) THT安装

图 8.93　印制电路板安装

B. 按工序流程贴片。

顺序：C1/R1，C2/R2，C3/V3，C4/V4，C5/R3，C6/SC1088，C7，C8/R4，C9，C10，C11，C12，C13，C14，C15，C16。

注意：SMC 和 SMD 不能用手拿，用镊子夹元器件时不能夹到引线上；IC1088 标记方向要看清楚；贴片电容表面没有标志，一定要保证准确及时贴到指定位置。

C. 检查贴片数量及位置。

D. 再流焊机焊接。

E. 检查焊接质量及修补。

④ 安装 THT 元器件，如图 8.93（b）所示。

A. 安装并焊接电位器 RP，注意电位器与印制板平齐。

B. 耳机插座 XS。

C. 轻触开关 S1、S2 跨接线 J1、J2（可用剪下的元器件引线）。

D. 变容二极管 V1（注意，极性方向标记），R5，C17，C19。

E. 电感线圈 L1～L4（磁环 L1，红色 L2，8 匝线圈 L3，5 匝线圈 L4）。

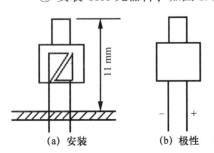

图 8.94　发光二极管安装、极性

F. 电解电容 C18（100 μF）贴板装。

G. 发光二极管 V2，注意高度，发光二极管安装、极性如图 8.94 所示。

H. 焊接电源连接线 J3、J4，注意正负连线颜色。

4. 调试及总装

（1）调试。

① 所有元器件焊接完成后目视检查。

A. 元器件型号、规格、数量及安装位置，方向是否与图纸符合。

B. 焊点检查，有无虚、漏、桥接、飞溅等缺陷。

② 测试整机电流，如图 8.95 所示。

A. 检查无误后将电源线焊到电池片上。

B. 在电位器开关断开的状态下装入电池。

C. 插入耳机。

D. 用万用表 200 mA（数字表）或 50 mA 挡（指针表）跨接在开关两端测电流（图 8.95），用指针表时注意表笔极性。

正常电流应为 7～30 mA（与电源电压有关），并且 LED 正常点亮。表 8.20 是产品参数测试结果，可供参考。

③ 搜索电台广播。

如果电流在正常范围，可按 S1 搜索电台广播。只要元器件质量完好，安装正确，焊接可靠，不用调任何部分即可收到电台广播。

如果收不到广播应仔细检查电路，特别要检查有无错装、虚焊、漏焊等缺陷。

图 8.95　测量整机电流

表 8.20　产品参数测试结果

工作电压/V	1.8	2	2.5	3	3.2
工作电流/mA	8	11	17	24	28

注：如果电流为零或超过 35 mA 应检查电路。

④ 调接收频段（俗称调覆盖）。

我国调频广播的频率范围为 87～108 MHz，调试时可找一个当地频率最低的 FM 电台（如在北京，北京文艺台为 87.6 MHz），适当改变 L4 的匝间距，使按过 RESET 键后第一次按 SCAN 键可收到这个电台。由于 SC1088 集成度高，如果元器件一致性较好，一般收到低端电台后均可覆盖 FM 频段，故可不调高端而仅做检查（可用一个成品 FM 收音机对照检查）。

⑤ 调灵敏度。

本机灵敏度由电路及元器件决定，一般不用调整，调好覆盖后即可正常收听。无线电爱好者可在收听频段中间电台（例为 97.4 MHz 音乐台）时适当调整 L4 的匝间距，使灵敏度最高（耳机监听音量最大），不过实际效果不明显。

（2）总装。

① 蜡封线圈。

调试完成后将适量泡沫塑料填入线圈 L4（注意不要改变线圈形状及匝间距），滴入适量蜡使线圈固定。

② 固定 SMB/装外壳。

A. 将外壳面板平放到桌面上（注意不要划伤面板）。

B. 将两个按键帽放入孔内。

注意：SCAN 键帽上有缺口，放按键帽时要对准机壳上的凸起，RESET 键帽上无缺口。

C. 将 SMB 对准位置放入壳内。注意对准 LED 位置，若有偏差可轻轻掰动，偏差过大必须重焊；注意三个孔与外壳螺柱的配合；注意电源线，不妨碍机壳装配。

D. 装上中间螺钉，注意螺钉转动手法。

E. 装电位器旋钮，注意旋钮上凹点位置。

F. 装后盖，上两边的两个螺钉。

G. 装卡子。

③ 检查。总装完毕，装入电池，插入耳机，进行检查，要求如下。

A. 电源开关手感良好。

B. 音量正常可调。

C. 收听正常。

D. 表面无损伤。

5. 收音机套件及材料清单

（1）FM 收音机材料清单如表 8.21 所示。

表 8.21　FM 收音机材料清单

类别	代号	规格	型号/封装	数量	备注	类别	代号	规格	型号/封装	数量	备注
电阻	R1	222	2012(2125)RJ1/8 W	1		电感	L1			1	磁环
	R2	154		1			L2			1	红色
	R3	122		1			L3	70 nH		1	8 匝
	R4	562		1			L4	78 nH		1	5 匝
	R5	681		1		晶体管	V1		BB910	1	
电容	C1	222	2012(2125)	1			V2		LED	1	
	C2	104		1			V3	9014	SOT-23	1	
	C3	221		1			V4	9012	SOT-23	1	
	C4	331		1		塑料件	前盖			1	
	C5	221		1			后盖			1	
	C6	332		1			电位器钮（内、外）			各 1	
	C7	181		1			开关钮（有缺口，）			1	SCAN 键
	C8	681		1			开关钮（无缺口，）			1	RESET 键
	C9	683		1			卡子			1	
	C10	104		1		金属件	电池片（3 件）			正，负，连接片各 1	
	C11	223		1			自攻螺钉			3	
	C12	104		1			电位器螺钉			1	
	C13	471		1		其他	印制板			1	
	C14	330		1			耳机 32 Ω×2			1	
	C15	820		1			RP（带开关电位器 51 kΩ）			1	
	C16	104		1			S1、S2（轻触开关）			各 1	
	C17	332	CC	1			XS（耳机插座）			1	
	C18	100 μF	CD	1							
	C19	104	CT	1							
IC	A		SC1088	1							

(2) 收音机套件如图 8.96 所示。

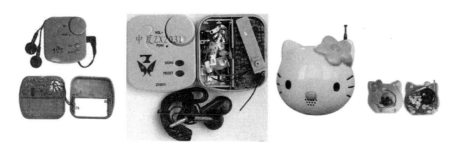

图 8.96　收音机套件

6. 实习报告撰写要求

(1) 实习报告的格式要求。

实习报告的基本格式与规范等按学院所发实习报告册的要求为准。

实习报告应包括以下内容。

① 实习报告封面按规定填写。
② 附实习任务书。
③ 实习的目的。
④ 电子产品原理图。
⑤ 元器件检测内容。
⑥ 实习的过程与内容。
⑦ 结果与分析。
⑧ 实习总结。

(2) 其他要求。

① 实习报告在实习结束后的下个周一撰写完成。
② 实习报告的字数应不少于 4000 字，书写、画图、记录要认真、规范。
③ 要求统一用学院所发实习报告册。
④ 要有自己的思想、数据，不能照抄资料或别的同学的报告内容。

7. 实习评分标准

贴片收音机组装实习评分标准如表 8.22 所示。

表 8.22　贴片收音机组装实习评分标准

SMT 产品组装、调试	检测报告	纪律考核	实习报告	否决项	否决项	否决项
50%	10%	20%	20%	实习报告未交	旷课半天	不按工艺实习

8. 实习作业（检测报告）

(1) 测量、读出电阻的主要参数及判断质量。
(2) 测量、读出电容的主要参数及判断质量。
(3) 测量三极管的 E、B、C、管型及主要参数，判断质量。

(4) 测量二极管的 PN 结及主要参数,判断质量。
(5) 测量电感器的主要参数并测绘出接线图。
(6) 为保用图形表示出印制电路板上的标识?
(7) 详细陈述出 SMT 电子产品的焊接工艺和安装工艺。
(8) 陈述整个 SMT 电子产品的装配工艺过程。
(9) 陈述 SMT 电子产品的调试过程。

9. 元器件参数检测格式

元器件参数检测格式,参见附录 F。

思考题

1. 如何进行手工焊接 SMT 元器件?
2. 如何提高电路故障分析能力?
3. 如何提高自身的实践动手能力和创新能力?
4. 如何提高电路故障的检查和排除能力?
5. 如何分析电子产品原理图?
6. 如何分析电子产品安装接线图?
7. 如何防止损坏 SMT 元器件?
8. 如何识别 SC1088 集成芯片的引脚?
9. 手工焊接 SMT 产品常用哪些工具?
10. SMT 自动化生产线上都有哪些主要设备(查资料)?

第9章 电子技术实习要求和安全操作规程

9.1 电子技术实习要求

电子实习、实训是基础实践课程，是工程训练的重要环节之一。通过实习，学生应学到有关电子工艺基础知识，培养一定的实践动手能力，严谨、细致、实干的科学作风，建立整体的工程意识。

参加实习的学生应认真听讲，虚心学习，独立动手实践；严格遵守实习（实训）基地安全操作规程及有关的规章制度；严格遵守课堂纪律，爱护公共财产；加强团结互助精神，树立正确的实习态度和严谨的科学作风，认真、积极、全面地完成实习任务。

为此学生必须遵守以下要求。

（1）必须听从教师指导，严格遵守安全操作规程。不准违章操作，未经教师允许不准启动电源和任何非自用设备、仪器、工具等；操作项目和内容必须按实习实训要求进行。

（2）必须严格遵守实习课堂纪律。实习中不得擅离工作岗位，不得干与实习无关的事情。

（3）保持实习基地肃静，不得喧哗、打闹和随意走动。不准吸烟、吃零食、随地吐痰和乱丢纸屑杂物。不准带无关人员到实习基地活动。

（4）爱护公共财产。丢失和损坏工具必须照价赔偿。

（5）必须严格遵守考勤制度。

① 实习期间一律不准请事假，特殊情况需经实习指导教师或有关领导批准。

② 病假需持医院证明及时请假，特殊情况也须尽早补交正式证明。否则以旷课论处。

③ 不允许迟到、早退。

④ 凡病事假超过一天，或迟到早退两次以上，或旷课一次（半天）以上，本次实习成绩不能通过。

（6）严格遵守每天实习结束后整理工具及工作台面，保证良好的实习环境，养成良好的工作习惯。

9.2 电子技术实习安全操作规程

学生在实习期间必须遵守以下安全操作规程。

1. 焊接生产安全操作规程

(1) 不要惊吓正在操作的人员，不要在实习实训场地内打闹。
(2) 烙铁头在没有脱离电源时，不能用手触摸。
(3) 烙铁头上多余的焊锡不要乱甩，特别是往身后甩的危险性更大。
(4) 焊接过程中暂不使用电烙铁时，应将其置于专用烙铁架上，避免烫坏导线或其他物件。
(5) 拆焊有弹性的元器件时，不要离焊点太近，并使可能弹出焊锡的方向向外。
(6) 插拔电烙铁等电器的电源插头时，要手拿插头，不要抓电源线。
(7) 用螺丝刀拧紧螺钉时，手不可触及螺丝刀的金属部分。
(8) 用剪线钳剪断小导线时，要让线头飞出方向朝向工作台或空地，不可朝向人或设备。
(9) 不能用手触摸电路中的发热元器件，以避免烫伤或触电。
(10) 工作场所要讲究文明生产，各种工具、设备要摆放合理、整齐，不要乱摆、乱放。

2. 调试生产安全操作规程

(1) 测试仪器要定期检查，仪器外壳及可接触部分不应带电。凡金属外壳仪器，必须使用三孔插座，并保证外壳良好接地。电源线一般不超过 2 m，并具有双重绝缘。
(2) 测试仪器通电前，应检查测试仪器工作电压与市电是否相符。检查仪器面板各开关、旋钮、插孔等是否有移动或滑位。遇到开关、旋钮转动困难不可用力扳转，以免造成损坏。
(3) 测试仪器通电应注意观察仪器的工作情况，检查有无不正常现象。
(4) 带有风扇的仪器如通电后风扇不转或有故障，应停机检查。
(5) 功耗较大的仪器断电后，应冷却一段时间后再通电（一般 3~8 min，功耗越大时间越长），避免烧断熔丝或仪器零件。
(6) 测试仪器使用完毕，应先切断测试仪器的电源开关，然后拔掉电源线。禁止只拔掉电源线而不切断测试仪器开关的简单做法。

思考题

1. 电子技术实习要求有哪些？
2. 焊接操作规程主要有哪些？

附　　录

附录 A　三极管参数

表 A.1　三极管参数表 1

型号	耐压/V	电流/A	功率/W	型号	耐压/V	电流/A	功率/W
B857	70	4	40	BU2508A	1500	8	125
BU2508AF	1500	8	45	BU2508DF	1500	8	45
BU2520AF	1500	10	45	BU2520AX	1500	10	45
BU2520DF	1500	10	45	BU2520DX	1500	10	45
BU2522AF	1500	10	45	BU2522AX	1500	10	45
BU2522DF	1500	10	45	BU2522DX	1500	10	45
BU2525AF	1500	12	45	BU2525AX	1500	12	45
BU2527AF	1500	12	45	BU2527AX	1500	12	45
BU2532AL	1500	15	150	BU2532AW	1500	16	125
BU2725DX	1700	12	45	BU406	400	5	60
BU4522AF	1500	10	45	BU4522AX	1500	10	45
BU4523AF	1500	11	45	BU4523AX	1500	11	45
BU4525AF	1500	12	45	BU4525DF	1500	12	45
BU4530AL	1500	16	125	BU4530AW	1500	16	125
BUH1015	1500	14	70	BUH315D	1500	6	44
BUT11A	1000	5	100	C3039	500	7	50
C3886A	1500	8	50	C3996	1500	15	180
C3997	1500	20	250	C3998	1500	25	250
C4242	450	7	40	C4288A	1600	12	200
C4532	1700	10	200	C4634	1500	0.01	2
C4686A	1500	0.05	10	C4762	1500	7	50
C4769	1500	7	60	C4891	1500	15	75
C4897	1500	20	150	C4924	1500	10	70
C5027	1100		50	C5039	800	5	30
C5045	1600	15	75	C5047	1600	25	25
C5048	1500	12	50	C5086	1500	10	50
C5088	1500	8	60	C5129	1500	10	50

续表

型号	耐压/V	电流/A	功率/W	型号	耐压/V	电流/A	功率/W
C5142	1500	20	200	C5144	1700	20	200
C5148	1500	8	50	C5149	1500	8	50
C5243	1700	15	200	C5244	1500	20	200
C5244A	1600	20	200	C5250	1500	8	50
C5251	1500	12	50	C5252	1500	15	50
C5294	1500	20	120	C5296	1500	8	60
C5297	1500	8	60	C5301	1500	20	120
C5302	1500	15	75	C5331	1500	15	180
C5386	1500	7	50	C5387	1500	10	50
C5404	1500	9	50	C5404	1500	9	50
C5406	1500	14	100	C5407	1700	15	100
C5411	1500	14	60	C5423	1700	15	100
C5440	1500	15	60	C5445	1500	25	200
C5446	1700	18	200	C5449	1500	12	50
C5515	1500	17		C5516	1500	20	
C5521	1500	13	50	C5552	1700	16	65
C5570	1700	28	220	C5583	1500	17	150
C5584	1500	20	150	C5587	1500	17	75
C5589	1500	18	200	C5597	1700	22	200
C5612	2000	22	220	C5686	2000	20	70
C5801	1500	8	50	C5802	1500	10	60
C5803	1500	12	70	C5855	1500	12	50
C5904	1500	17		C5905	1700	20	
C5914	1500	12		C5928		约13	
C5929		约15		C5931	1700	15	8
D1088	300	6	30	D1273-P	80	3	40
D1878	1500	5	60	D1879	1500	6	60
D2058	60	3	25	D2356	1500	20	200
D5703	1500	10	70	HPA100	1500	10	150
HPA150	1500	15	150	J5804	1500	14	
J6810	1500	10		J6812	1500	12	60
J6815	1500	15	60	J6820	1500	20	60
J6825	1500	25	150	J6910	1700	10	60
J6916	1700	16	60	J6920	1700	20	60
MJE13007	700	8	80	MJE13009	700	12	50
MJL16218	1500	15	170	MJW16212	1500	10	

续表

型号	耐压/V	电流/A	功率/W	型号	耐压/V	电流/A	功率/W
ST2001	1500	10	55	ST2310FX	1500	12	
TIP102	100	8	80	TIP122	100	5	65
TIP127	100	8	65	TIP31C	100	3	40
TIP32C	100	3	40	TIP41C	100	6	65
TIP42	40	6	65	TIP42A	60	6	65
TIP42C	100	6	65	TIP50C	400	1	40
2SK534	800	5	100	2SK1045	900	5	150
2SK538	900	3	100	2SK1081	800	7	125
2SK557	500	12	100	2SK1082	800	6	125
2SK560	500	15	100	2SK1119	1000	4	100
2SK56	500	9	125	2SK1120	1000	8	150
2SK566	800	3	78	2SK1198	800	3	75
2SK644	500	10	125	2SK1249	500	15	130
2SK719	900	5	120	2SK1250	500	20	150
2SK725	500	15	125	2SK1271	1400	15	240
2SK727	900	5	125	2SK1280	500	18	150
2SK774	500	18	120	2SK1341	900	5	100
2SK785	500	20	150	2SK1342	900	8	100
2SK787	900	8	150	2SK1357	900	5	125
2SK788	500	13	150	2SK1358	900	9	150
2SK790	500	15	150	2SK1451	900	5	120
2SK955	800	9	150	2SK1498	500	20	120
2SK962	900	8	150	2SK1500	500	25	160
2SK1019	500	30	300	2SK1502	900	7	120
2SK1020	500	30	300	2SK1512	850	10	150
2SK1531	500	15	150	IRFP150	100	41	180
2SK1537	900	5	100	IRFP151	60	19	180
2SK1539	900	10	150	IRFP240	200	31	150
2SK1563	500	12	150	IRFP250	200	31	180
2SK1649	900	6	100	IRFP251	150	33	180
2SK1794	900	6	150	IRFP254	250	23	180
2SK2038	900	6	125	IRFP350	400	16	180
IRF350	500	13	150	IRFP351	350	16	180
IRF360	400	25	300	IRFP360	400	23	250
IRF440	500	8	125	IRFP450	500	14	180

续表

型号	耐压/V	电流/A	功率/W	型号	耐压/V	电流/A	功率/W
IRF450	500	13	150	IRFP451	450	14	180
IRF451	450	13	150	IRFP452	500	12	180
IRF460	500	21	300	IRFP460	500	20	250
IRF740	400	10	125	MTH8N50	500	8	120
IRF820	500	2.5	50	MTH8N60	600	8	120
IRF834	500	5	100	MTH10N50	500	10	120
IRF840	500	8	125	MTH12N50	500	12	120
IRF841	450	8	125	H12N45	450	12	120
IRF842	500	7	125	H13N50	500	13	150
MTH14N50	500	14	150	MTP5N45	450	5	75
MTH20N20	200	20	120	MTP5N50	500	5	75
MTH25N20	200	25	150	MTP6N60	600	6	125
MTH30N10	100	30	120	IXGH10N100	1000	10	100
MTH35N15	150	35	150	IXGH15N100	1000	15	150
MTH40N10	100	40	150	IXGH20N60	600	20	150
MTM6N80	800	6	120	IXGH25N100	1000	25	200
MTM6N90	900	6	150	GH30N60	600	30	180
MTM8N50	500	8	100	GH30N100	1000	30	250
MTM8N90	900	8	150	GH40N60	600	40	200
MTM10N20	200	10	75	IXTH24N50	500	24	250
MTM20N20	200	20	125	IXTH30N20	200	30	180
MTM25N10	100	25	100	IXTH30N30	300	30	180
MTM30N10	100	30	120	IXTH30N50	500	30	300
MTM40N10	100	40	150	IXTH40N30	300	40	250
MTP3N60	600	3	75	IXTH50N10	100	50	150
MTP3N100	1000	3	75	IXTH50N20	200	50	150
MTP4N60	600	4	50	IXTH67N10	100	67	200
MTP4N80	800	4	50	IXTH75N10	100	75	200

表 A.2 三极管参数表 2

名称	极性	功能	耐压/V	电流/A	功率/W	频率/Hz	配对管
D633	NPN	音频功放开关	100	7	40		达林顿
9013	NPN	低频放大	50	0.5	0.625		9012
9014	NPN	低噪放大	50	0.1	0.4	150 M	9015
9015	PNP	低噪放大	50	0.1	0.4	150 M	9014
9018	NPN	高频放大	30	0.05	0.4	1000 M	

续表

名称	极性	功能	耐压/V	电流/A	功率/W	频率/Hz	配对管
8050	NPN	高频放大	40	1.5	1	100 M	8550
8550	PNP	高频放大	40	1.5	1	100 M	8050
2N2222	NPN	通用	60	0.8	0.5	250 M	
2N2369	NPN	开关	40	0.5	0.3	800 M	
2N2907	NPN	通用	60	0.6	0.4	200 M	
2N3055	NPN	功率放大	100	15	115		MJ2955
2N3440	NPN	视频放大	450	1	1	15 M	2N6609
2N3773	NPN	音频功放开关	160	16	50		
2N3904	NPN	通用	60	0.2			
2N2906	PNP	通用	40	0.2			
2N2222A	NPN	高频放大	75	0.6	0.625	300 M	
2N6718	NPN	音频放大	100	2	2		
2N5401	PNP	视频放大	160	0.6	0.625	100 M	2N5551
2N5551	NPN	视频放大	160	0.6	0.625	100 M	2N5401
2N5685	NPN	音频功放开关	60	50	300		
2N6277	NPN	音频功放开关	180	50	250		
9012	PNP	低频放大	50	0.5	0.625		9013
2N6678	NPN	音频功放开关	650	15	175	15 M	
3DA87A	NPN	视频放大	100	0.1	1		
3DG6B	NPN	通用	20	0.02	0.1	150 M	
3DG6C	NPN	通用	25	0.02	0.1	250 M	
3DG6D	NPN	通用	30	0.02	0.1	150 M	
MPSA42	NPN	电话视频放大	300	0.5	0.625		MPSA92
MPSA92	PNP	电话视频放大	300	0.5	0.625		MPSA42
MPS2222A	NPN	高频放大	75	0.6	0.625	300 M	
3DK2B	NPN	开关	30	0.03	0.2		
3DD15D	NPN	电源开关	300	5	50		
3DD102C	NPN	电源开关	300	5	50		
3522V		稳压管	5				
A634	PNP	音频功放开关	40	2	10		
A708	PNP	音频开关	80	0.7	0.8		
A715C	PNP	音频功放开关	35	2.5	10	160 M	
A733	PNP	通用	50	0.1		180 M	
A741	PNP	开关	20	0.1		70/120 ns	
A781	PNP	开关	20	0.2		80/160 ns	
A928	PNP	通用	20	1	0.25		

续表

名称	极性	功能	耐压/V	电流/A	功率/W	频率/Hz	配对管
A933	PNP	通用	50	0.1		140 M	
A940	PNP	音频功放开关	150	1.5	25	4 M	C2073
A966	PNP	音频激励输出	30	1.5	0.9	100 M	C2236
A950	PNP	通用	30	0.8	0.6		
A968	PNP	音频功放开关	160	1.5	25	100 M	C2238
A1009	PNP	功放开关	350	2	15		
A1220P	PNP	音频功放开关	120	1.5	20	150 M	
A1013	PNP	视频放大	160	1	0.9		C2383
A1015	PNP	通用	60	0.1	0.4	8 M	C1815
2N6050	PNP	音频功放开关	60	12	150		
2N6051	PNP	音频功放开关	80	12	150		
A1175	PNP	通用	60	0.10	0.25	180 M	
A1213	PNP	超高频	50	0.15		80 M	
A719	PNP	通用	30	0.50	0.625	200 M	
B12	PNP	音频	30	0.05	0.05		
B1114	PNP	通用	20	2		180 M	
B205	PNP	音频功放开关	80	20	80		
B1215	PNP	功放开关	120	3	20	130 M	
C294	NPN	孪生对管	25	0.05		200 M	
C1044	NPN	视频放大	45	0.3		2.2 G	
C1216	NPN	高速开关	40	0.2			
C1344	NPN	通用低噪	30	0.1		230 M	
C1733	NPN	孪生对管	30	0.05		2 G	
C1317	NPN	通用	30	0.5	0.625	200 M	
C546	NPN	高放	30	0.03	0.15	600 M	
C680	NPN	音频功放开关	200	2	30	20 M	
C665	NPN	音频功放开关	125	5	50	15 M	
C4581	NPN	电源开关	600	10	65	20 M	
C4584	NPN	电源开关	1200	6	65	20 M	
C4897	NPN	行管	1500	20	150		
C4928	NPN	行管	1500	15	150		
C5411	NPN	彩显行管	1500	14	60		
HQ1F3P	NPN	功放开关	20	2	2		
TIP132	NPN	音频功放开关	100	8	70		TIP137
A1020	PNP	音频开关	50	2	0.9		
A1123	PNP	低噪放大	150	0.05	0.75		

续表

名称	极性	功能	耐压/V	电流/A	功率/W	频率/Hz	配对管
A1162	PNP	通用	50	0.15	0.15		
A1216	PNP	功放开关	180	17	200	20 M	C2922
A1265	PNP	功放开关	140	10	100	30 M	C3182
A1295	PNP	功放开关	230	17	200	30 M	C3264
A1301	PNP	功放开关	160	12	120	30 M	C3280
C3280	NPN	功放开关	160	12	120	30 M	A1301
A1302	PNP	功放开关	200	15	120	30 M	C3281
C3281	NPN	功放开关	200	15	120	30 M	A1302
A1358	PNP		120	1	10	120 M	
A1444	PNP	高速电源	100	15	30	80 M	
A1494	PNP	功放开关	200	17	200	20 M	C3858
A1516	PNP	功放开关	180	12	130	25 M	
A1668	PNP	电源开关	200	2	25	20 M	
A1785	PNP	驱动	120	1	1	140 M	
A1941	PNP	音频功放开关	140	10	100		C5198
C5198	NPN	音频功放开关	140	10	100		A1941
A1943	PNP	功放开关	230	15	150		C5200
C5200	NPN	功放开关	230	15	150		A1943
A1988	PNP	功放开关					
B449	PNP	功放开关	50	3.5	22.5		
B647	PNP	通用	120	1	0.9	140 M	D667
D667	NPN	通用	120	1	0.9	140 M	B649
B1375	PNP	音频功放开关	60	3	2	9 M	
D40C	NPN	对讲机用开关	40	0.5	40	75 M	
B688	PNP	音频功放开关	120	8	80		D718
B734	PNP	通用	60	1	1		D774
B649	PNP	视频放大	180	1.5	20		D669
D669	NPN	视频放大	180	1.5	20	140 M	B649
B669	PNP	达林顿功放	70	4	40		
B675	PNP	达林顿功放	60	7	40		
B673	PNP	达林顿功放	100	7	40		
B631K	PNP	音频功放开关	120	1	8	130 M	D600K
D600K	NPN	音频功放开关	120	1	8	130 M	B631K
C3783	NPN	高压高速开关	900	5	100		
B1400	PNP	达林顿功放	120	6	25		D1590
B744	PNP	音频功放开关	70	3	10		

续表

名称	极性	功能	耐压/V	电流/A	功率/W	频率/Hz	配对管
B1020	PNP	功放开关	100	7	40		
B1240	PNP	功放开关	40	2	1	100 M	
B1185	PNP	功放开关	60	3	25	70 M	D1762
B1079	PNP	达林顿功放	100	20	100		D1559
B772	PNP	音频功放开关	40	3	10		D882
B774	PNP	通用	30	0.1	0.25		
B817	PNP	音频功放开关	160	12	100		D1047
B834	PNP	功放开关	60	3	30		
B1316	PNP	达林顿功放	100	2	10		
B1317	PNP	音频功放	180	15	150		D1975
B1494	PNP	达林顿功放	120	20	120		D2256
B1429	PNP	功放开关	180	15	150		
C380	NPN	高频放大	35	0.03		250 M	
C458	NPN	通用	30	0.1		230 M	
C536	NPN	通用	40	0.1		180 M	
2N6609	PNP	音频功放开关	160	15	150	>2 M	2N3773
C3795	NPN	高压高速	900	5	40		
C2458	NPN	通用低噪	50	0.15	0.2		
C3030	NPN	开关管	900	7	80		达林顿
C3807	NPN	低噪放大	30	2	1.2	260 M	
C3858	NPN	功放开关	200	17	200	20 M	A1494
D985	NPN	达林顿功放	150	±1.5	10		
C2036	NPN	高放低噪	80	1	1~4		
C2068	NPN	视频放大	300	0.05	1.5	80 M	
C2073	NPN	功率放大	150	1.5	25	4 M	A940
C3039	NPN	电源开关	500	7	50		
C3058	NPN	开关管	600	30	200		
C3148	NPN	电源开关	900	3	40		
C3150	NPN	电源开关	900	3	50		
C3153	NPN	电源开关	900	6	100		
C3182	NPN	功放开关	140	10	100		A1265
C3198	NPN	高频放大	60	0.15	0.4	130 M	
3DK4B	NPN	开关	40	0.8	0.8		
3DK7C	NPN	开关	25	0.05	0.3		
3D15D	NPN	电源开关	300	5	50		
C2078	NPN	音频功放开关	80	3	10	150 M	

续表

名称	极性	功能	耐压/V	电流/A	功率/W	频率/Hz	配对管
C2120	NPN	通用	30	0.8	0.6		
C2228	NPN	视频放大	160	0.05	0.75		
C2230	NPN	视频放大	200	0.1	0.8		
C2233	NPN	音频功放开关	200	4	40		
C2236	NPN	通用	30	1.5	0.9		A966
C1733	NPN	孪生对管	30			2 G	
C1317	NPN	通用	30	0.5	0.625	200 M	
C2238	NPN	音频功放开关	160	1.5	25	100 M	A968
C752	NPN	通用	30	0.1		300 M	
C815	NPN	通用	60	0.2	0.25		
C828	NPN	通用	45	0.05	0.25		
C900	NPN	低噪放大	30	0.03		100 M	
C945	NPN	通用	50	0.1	0.5	250 M	
C1008	NPN	通用	80	0.7	0.8	50 M	
C1162	NPN	音频功放	35	1.5	10		
C1213	NPN	监视器专用	30	0.5	0.4		
C1222	NPN	低噪放大	60	0.1		100 M	
C1494	NPN	发射	36	6	40	175 M	
C1507	NPN	视频放大	300	0.2	15		
C1674	NPN	HF/ZF	30	0.02		600 M	
C1815	NPN	通用	60	0.15	0.4	8 M	A1015
C1855	NPN	HF/ZF	20	0.02		550 M	
C1875	NPN	彩行	1500	3.5	50		
C1906	NPN	高频放大	30	0.05		1000 M	
C1942	NPN	彩行	1500	3	50		
C1959	NPN	通用	30	0.4	0.5	300 M	
C1970	NPN	手机发射	40	0.6	1.3	175 M	
C1971	NPN	手机发射	35	2	7.0	175 M	
C1972	NPN	手机发射	35	3.5	15	175 M	
C2320	NPN	通用	50	0.2	0.3	200 M	
C2012	NPN	高放	30	0.03		200 M	
C2027	NPN	行管	1500	5	50		
D814	NPN	低噪放大	150	0.05		150 M	
C5142	NPN	彩行	1500	20	200		
D998	NPN	音频功放开关	120	10	80	<1/3 μs	
D2253	NPN	彩显行管	1700	6	50		

续表

名称	极性	功能	耐压/V	电流/A	功率/W	频率/Hz	配对管
D110	NPN	音频功放开关	130	10	100	1 M	
C2335	NPN	视频功放	500	7	40		
C2373	NPN	功放	200	7.5	40		
C2383	NPN	视频开关	160	1	0.9		A1013
C3300	NPN	音频功放开关	100	15	100		
C3310	NPN	电源开关	500	5	40		
C3320	NPN	电源开关	500	15	80		
C3355	NPN	高频放大	20	0.1		6500 M	
C3358	NPN	高频放大	20	0.1		7000 M	
C3457	NPN	电源开关	1100	3	50		
C3460	NPN	电源开关	1100	6	100		
C3466	NPN	电源开关	1200	8	120		
C3505	NPN	电源开关	900	6	80		
C3527	NPN	电源开关	500	15	100		
C3528	NPN	电源开关	500	20	150		
C3866	NPN	高压高速开关	900	3	40		
C2443	NPN	功放开关	600	50	400		
C2481	NPN	音频功放开关	150	1.5	20		
C2482	NPN	视频放大	300	0.1	0.9		
C2500	NPN	通用	30	2	0.9	150 M	
C2594	NPN	音频功放开关	40	5	10		
C2611	NPN	视频放大	300	0.1	1.25		
C2625	NPN	音频功放开关	450	10	80		
C2682	NPN	NF/Vid	180	0.1	8		
C2688	NPN	视放管	300	0.2	10	80 M	
C2690	NPN	音频功放开关	120	1.2	20	150 M	A1220P
C2751	NPN	电源开关	500	15	120		
C2837	NPN	音频功放开关	150	10	100		
C3873	NPN	高压高速开关	500	12	75	30 M	
C3886	NPN	开关行	1400	8	50	8 M	
C3893	NPN	行管	1400	8	50	8 M	
C3907	NPN	功放开关	180	12	130	30 M	
C3595	NPN	射频	30	0.5	1.2		
C4059	NPN	高速开关	600	15	130	0.5/2.2 μs	
C4106	NPN	电源开关	500	7	50	20 M	
C4111	NPN	开关行管	1500	10	150		

续表

名称	极性	功能	耐压/V	电流/A	功率/W	频率/Hz	配对管
C3679	NPN	电源开关	900	5	100	6 M	
C2898	NPN	音频功放开关	500	8	50		
C2922	NPN	音频功放开关	180	17	200	50 M	A1216
C3026	NPN	开关管	1700	5	50		
D986	NPN	达林顿功放	80~150	1.5	10		
C3262	NPN	功放	800	10	100		
C3264	NPN	PA 功放开关	230	17	200		A1295
C3280	NPN	音频功放开关	160	12	120		
C3281	NPN	音频功放开关	200	15	150	30 M	
C3680	NPN	电源开关	900	7	120	6 M	
C3688	NPN	彩行	1500	10	150		
C3720	NPN	彩行	1200	10	200		
C3953	NPN	视放	120	0.2	1.3	400 M	
C3987	NPN	达林顿	50	3	20		
C3995	NPN	行管	1500	12	180		
D1025	NPN	达林顿功放	200	8	50		
C3997	NPN	行管	1500	15	250		
C3998	NPN	行管	1500	25	250		
C4024	NPN	功放开关	100	10	35	24 M	
C4038	NPN	门电路	50	0.1	0.3	180 M	
D1037	NPN	音频功放	150	30	180		
D1047	NPN	音频功放	160	12	100		B817
C4119	NPN	微波炉开关	1500	15	250		
C4231	NPN	音频功放	800	2	30		
C4237	NPN	高压高速	1000	8	120	30 M	
C4242	NPN	高压高速	450	7	40		
C4297	NPN	电源开关	500	12	75	10 M	
C4429	NPN	电源开关	1100	8	60		
C4517	NPN	音频功放	550	3	30	6 M	
C4532	NPN	大屏行管	1700	10	200		
C4582	NPN	电源开关	600	15	75	20 M	
C5244	NPN	彩行	1700	15	200		
C5249	NPN	功放开关	600	3	35	6 M	
C5250	NPN	开关	1000	7	100		
C5251	NPN	彩行	1500	12	50		
D1071	NPN	达林顿功放	300	6	40		

续表

名称	极性	功能	耐压/V	电流/A	功率/W	频率/Hz	配对管
C4706	NPN	电源开关	900	14	130	6 M	
C4382	NPN	功放开关	200	2	25	20 M	A1668
C4742	NPN	彩行	1500	6	50		
C4745	NPN	彩行	1500	6	50		
C4747	NPN	彩行	1500	10	50		
C4769	NPN	微机行管	1500	7	60		
C4913	NPN	大屏视放	2000	0.02	35		
C4924	NPN	音频功放	800	10	70		
C4927	NPN	行管	1500	8	50		
C4927	NPN	SONY29 行管	1500	8	50		
C4941	NPN	行管	1500	6	65	500/380 ns	
C4953	NPN	功放开关	500	2	25	$t = 300$ ns	
C5020	NPN	彩行	1000	7	100		
C5068	NPN	彩行	1500	10	50		
C5086	NPN	彩行	1500	10	50		
C5088	NPN	彩行	1500	10	50		
C5129	NPN	彩显行管	1500	8	50		
D1163	NPN	行偏转用	350	7	40	60 M	
D1175	NPN	行偏转用	1500	5	100		
C5132	NPN	彩行	1500	16	50		
C5144	NPN	大屏彩行	1700	20	200		
C5148	NPN	大屏彩行	1500	8	50		
C5149	NPN	高速高频行管	1500	8	50		
C5198	NPN	功放开关	140	10	100		
C5200	NPN	功放开关	230	15	150		A1943
D1273	NPN	音频功放	80	3	40	50 M	
C5207	NPN	彩行	1500	10	50		
C5243	NPN	彩行	1700	15	200		
C5252	NPN	彩行	1500	15	100		
C5294	NPN	彩行	1500	20		200 ms	
C5296	NPN	开关管	1500	8	80		
C5297	NPN	开关管	1500	16	60		
C5331	NPN	大屏彩显行管	1500	15	180		
D325	NPN	功放开关	50	3	25		
D385	NPN	达林顿功放	100	7	30		
D400	NPN	通用	25	1	0.75		

续表

名称	极性	功能	耐压/V	电流/A	功率/W	频率/Hz	配对管
D1302	NPN	音频	25	0.5	0.5	200 M	
D1397	NPN	开关	1500	3.5	50	3 M	
D1398	NPN	开关	1500	5	50	3 M	
D1403	NPN	彩行	1500	6	120		
D401	NPN	音频功放开关	200	2	20		
D415	NPN	音频功放开关	120	0.8	5		
D438	NPN	通用	500	1	0.75	100 M	
D560	NPN	达林顿功放	150	5	30		
D637	NPN	通用	60	0.1		150 M	
D667	NPN	视频放大	120	1	0.9	140 M	B647
D1403	NPN	彩行	1500	6	120		
D1415	NPN	功放电源开关	100	7	40		达林顿
D718	NPN	音频功放开关	120	8	80		B668
D774	NPN	通用	100	1	1		B734
D789	NPN	音频输出	100	1	0.9		
D820	NPN	彩行	1500	5	50		
D870	NPN	彩行	1500	5	50		
D880	NPN	音频功放开关	60	3	10		
D882	NPN	音频功放开关	40	3	30		B772
D884	NPN	音频功放开关	330	7	40		
D898	NPN	彩行	1500	3	50		
D951	NPN	彩行	1500	3	65		
D965	NPN	音频	40	5	0.75		
D966	NPN	音频	40	5	1		
D633拆	NPN	音频功放开关	100	7	40		达林顿
D1431	NPN	彩行	1500	5	80		
D1433	NPN	彩行	1500	7	80		
D1980	NPN	达林顿	100	2	10		
D1981	NPN	达林顿	100	2	1		
D1993	NPN	音频低噪	55	0.1	0.4		
D1416	NPN	功放电源开关	80	7	40		达林顿
D1427	NPN	彩行	1500	5	80		带阻尼
BU2525AF	NPN	开关功放	1500	12	150	350 ns	
D1428	NPN	彩行	1500	6	80		带阻尼
BU2525AX	NPN	开关功放	1500	12	150	350 ns	
D1439	NPN	彩行	1500	3	80		

续表

名称	极性	功能	耐压/V	电流/A	功率/W	频率/Hz	配对管
D1541	NPN	彩行	1500	3	80		
D1545	NPN	彩行	1500	5	50		
D1547	NPN	彩行	1500	7	80		
BU2527AF	NPN	开关功放	1500	15	150		
D1554	NPN	彩行	1500	3.5	80		
D1555	NPN	彩行	1500	5	80		
D1556	NPN	彩行	1500	6	80		
D1559	NPN	达林顿功放	100	20	100		B1079
D1590	NPN	达林顿功放	150	8	25		
D1623	NPN	彩行	1500	4	70		
D1640	NPN	达林顿功放	120	2	1.2		
D1651	NPN	彩行	1500	5	60	3 M	
D1710	NPN	彩行	1500	5	50		
D1718	NPN	音频功放	180	15	50	20 M	
D1762	NPN	音频功放	60	3	25	90 M	B1185
D1843	NPN	低噪放大	50	1	1		
D1849	NPN	彩行	1500	7	120		
D1850	NPN	彩行	1500	7	120		
D1859	NPN	音频	80	0.7	1	120 M	
D1863	NPN	音频	120	1	1	100 M	
D1724	NPN	开关	120	3		180 M	
D1877	NPN	彩行	1500	4	50		带阻尼
D1879	NPN	彩行	1500	6	60		带阻尼
D1887	NPN	彩行	1500	10	70		
D1930	NPN	达林顿	100	2	1.2		达林顿
D1975	NPN	音频功放	180	15	150		B1317
BU2532AW	NPN	开关功放	1500	15	150		
D1978	NPN	达林顿	120	1.5	0.9		
D1994A	NPN	音频驱动	60	1	1		
BD237	NPN	音频功放	100	2	25		BD238
BD238	PNP	音频功放	100	2	25		BD237
BU2520AF	NPN	开关功放	1500	10	150	1/500 ns	
BU2520DF	NPN	开关功放	1500	10	150	1/500 ns	
BU2520DX	NPN	开关功放	1500	10	50	600 ns	
BUH515	NPN	行管	1500	10	80		
BUH515D	NPN	行管	1500	10	80		

续表

名称	极性	功能	耐压/V	电流/A	功率/W	频率/Hz	配对管
BUS13A	NPN	功放开关	1000	15	175		
D1997	NPN	激励管	40	3	1.5	100 M	
D2008	NPN	音频功放	80	1	1.2		
D2012	NPN	音频功放	60	3	2	3 M	
D2136	NPN	功放	80	1	1.2		
D2155	NPN	音频功放	180	15	150		
D2256	NPN	达林顿功放	120	25	125		B1494
D2334	NPN	彩行	1500	5	80		
D2335	NPN	彩行	1500	7	100		带阻尼
D2349	NPN	大屏彩显行管	1500	10	50		
D1959	NPN	彩行	1400	10	50		
D2374	NPN	功放开关	60	3	25	30 M	
D2375	NPN	高放大倍数	80	3	25	50 M	
D2388	NPN	达林顿	90	3	1.2		
D2445	NPN	彩行	1500	12.5	120		
D2498	NPN	彩行	1500	6	50		
D2588	NPN	点火器用					
DK55	NPN	开关	400	4	60		
BC307	PNP	通用	50	0.2	0.3		
BC327	PNP	低噪音频	50	0.8	0.625		BC337
BC337	NPN	音频激励	50	0.8	0.625		BC327
BC338	NPN	通用激励	50	0.8	0.6		
BC546	NPN	通用	80	0.2	0.5		
BC547	NPN	通用	50	0.2	0.5	300 M	
BD135	NPN	音频功放	45	1.5	12.5		
BD136	PNP	音频功放	45	1.5	12.5		BD137
BD137	NPN	音频功放	60	1.5	12.5		BD136
BD138	PNP	音频功放	60	1.5	12.5		BD139
BD139	PNP	音频功放	80	1.5	12.5		BD138
BUS14A	NPN	开关功放	1000	30	250		
BUT11A	NPN	开关功放	1000	5	100		
BD243	NPN	音频功放	45	6	65		BD244
BD244	PNP	音频功放	45	6	65		BD243
BD681	NPN	达林顿功放	100	4	40		BD682
BD682	PNP	达林顿功放	100	4	40		BD681
BF458	NPN	视放	250	0.1	10		

续表

名称	极性	功能	耐压/V	电流/A	功率/W	频率/Hz	配对管
BU208A	NPN	彩行	1500	5	12.5		
BU208D	NPN	彩行	1500	5	12.5		
BU323	NPN	达林顿功放	450	10	125		
BU406	NPN	行管	400	7	60		
BU508A	NPN	行管	1500	7.5	75		
BU508A	NPN	行管	1500	7.5	75		
BU508D	NPN	行管	1500	7.5	75		
BU806	NPN	功放	400	8	60		
BU932R	NPN	功放	500	15	150		
BUT12A	NPN	开关功放	450	10	125		
BU941	NPN	功放开关	500	15	175		达林顿
BU1508DX	NPN	开关功放	1500	8	35		
BU2506DX	NPN	开关功放	1500	7	50	600 ns	
BU2508AF	NPN	开关功放	1500	8	45	600 ns	
BU2508AX	NPN	开关功放	1500	8	125	600 ns	
BU2508DF	NPN	开关功放	1500	8	45	600 ns	
BU2508DX	NPN	开关功放	1500	8	50	600 ns	
BUV26	NPN	音频功放	90	14	65	250 ns	
BU2522AF	NPN	开关功放	1500	11	150	350 ns	
MJ15024	NPN	音频功放	400	16	250	4 M	MJ15025
MJ15025	PNP	音频功放	400	16	250	4 M	MJ15024
MJE271	PNP	达林顿	100	2	15	6 M	
BUV28A	NPN	音频功放	225	10	65	250 ns	
BUV48A	NPN	音频功放	450	15	150		
BUW13A	NPN	功放开关	1000	15	150		
BUX48	NPN	功放开关	850	15	125		
BUX84	NPN	功放开关	800	2	40		
BUX98A	NPN	功放开关	400	30	210	5 M	
DK55	NPN	功放开关	400	4	65		
DTA114	PNP	10 K	160	0.6	0.625		
DTC143	NPN	录像机用	4.7 k				
HPA100	NPN	大屏彩显行管	1500	10	150		
HPA150	NPN	大屏彩显行管	1500	15	150		
HSE830	PNP	音频功放	80		115	1 M	HSE800
HSE838	NPN	音频功放	80		115	1 M	HSE830
MN650	NPN	行管	1500	6	80		

续表

名称	极性	功能	耐压/V	电流/A	功率/W	频率/Hz	配对管
MJ802	NPN	音频功放	90	30	200		MJ4502
MJ2955	PNP	音频功放	60	15	115		MJ3055
MJ3055	NPN	音频功放	60	15	115		MJ2955
MJ4502	PNP	音频功放	90	30	200		MJ802
MJ10012	NPN	达林顿	400	10	175		
MJ10015	NPN	电源开关	400	50	200		
MJ10016	NPN	电源开关	500	50	200		
MJ10025	NPN	电源开关	850	20	250		
MJ11032	NPN	电源开关	120	50	300		MJ11033
MJ11033	PNP	电源开关	120	50	300		MJ11032
MJ13333	NPN	电源开关	400	20	175		
MJ11015	PNP	达林顿	500	10			
MJ14003	PNP	达林顿					
MJE340	NPN	视频放大	300	0.5	20		MJE350
MJE350	PNP	视频放大	300	0.5	20		MJE340
MJE2955T	PNP	音频功放	60	10	75	2 M	MJE3055T
MJE3055T	NPN	音频功放	70	10	75	2 M	MJE2955T
MJE5822	PNP	音频功放	500	8	80		
MJE13003	NPN	功放开关	400	1.5	14		
MJE13005	NPN	功放开关	400	4	60		
MJE13007	NPN	功放开关	1500	2.5	60		
KSE800	NPN	达林顿	140	4	20		
TIP31C	NPN	功放开关	100	3	40	3 M	TIP32
TIP32C	PNP	功放开关	100	3	40	3 M	TIP31
TIP35C	NPN	音频功放	100	25	125	3 M	TIP36
TIP36C	PNP	音频功放	100	25	125	3 M	TIP35
TIP41C	NPN	音频功放	100	6	65	3 M	TIP42
TIP42C	PNP	音频功放	100	6	65	3 M	TIP41
TIP102	NPN	音频功放	100	8	2		
TIP105	PNP	音频功放	60		80		达林顿
TIP122	NPN	音频功放	100	5	65		TIP127
TIP127	PNP	音频功放	100	5	65		TIP122
TIP137	PNP	音频功放	100	8	70		TIP132
TIP142	NPN	音频功放	100	10	125		TIP147
TIP142 大	NPN	音频功放	100	10	125		TIP147

续表

名称	极性	功能	耐压/V	电流/A	功率/W	频率/Hz	配对管
TIP147	PNP	音频功放	100	10	125		TIP142
TIP147 大	PNP	音频功放	100	10	125		TIP142
TIP152	BCE	电梯用达林顿	400	3	65		
TL431		电压基准源					
BT33		电压结晶体管					
UGN3144	SGO	霍尔开关					
60MIAL1		电磁/微波炉	1000	60	300		
T30G40	NPN	大功率开关管	400	30	300		
5609	NPN	音频低频放大	50	0.8	0.625		5610
5610	PNP	音频低频放大	50	0.8	0.625		5610
9626	NPN	通用					
TT2062			1500	18	85		

表 A.3 三极管参数表 3

型号	功率/W	反压/V	电流/A	功能
BU208A	50	1500	5	电源开关管
BU508A	75	1500	8	电源开关管
BU2508AF	45	1500	8	行管
BU2508DF	45	1500	8	行管
BU2508D	125	1500	8	行管
BU2520AF	45	1500	10	行管
BU2520AX	45	1500	10	行管
BU2520DF*	125	1500	10	行管
BU2522AF	45	1500	10	行管
BU2522DF*	80	1500	10	行管
BU2525DF*	45	800	12	行管
BUH515	60	1500	8	行管
BUH515D	60	1500	8	行管
C1520	10	250	0.2	视放
C1566	1.2	250	0.1	视放
C1573	0.6	250	0.07	视放
C1875	50	1500	3.5	电源开关管
C3153	100	900	6	电源开关管
C3026	50	1700	5	行管
C3457	50	1100	3	电源开关管
C3459	90	1100	4.5	电源开关管

续表

型号	功率/W	反压/V	电流/A	功能
C3460	100	1100	6	电源开关管
C3461	140	1100	8	行管
C3683	50	1500	5	行管
C3686	50	1400	8	行管
C3687	150	1500	8	行管
C3481	120	1500	5	电源开关管
C3688	150	1500	10	行管

注：* 带阻尼。

表 A.4 三极管参数表 4

型号	P/N	电压/V	电流/A	功率/W	型号	P/N	电压/V	电流/A	功率/W
BT136			6		A1302	P	200	15	150
BT137			8		C5200	N	230	15	150
BT138			10		A1943	P	230	15	150
BT139			12		D2155	N	180	15	150
BTA06			6		B1429	P	180	15	150
D820	N	1500	5	80	C5198	N	140	10	100
D1047	N	160	12	100	A1941	P	140	10	100
D869	N	1500	3.5	50	C5196	N	120	6	60
B817	P	160	12	100	A1939	P	120	6	60
D850	N	1500	3	65	C3182	N	140	10	100
D1559	N	100	20	100	A1265	P	140	10	100
D870	N	1500	5	50	C1514	N	300	0.1	1.25
B1079	P	100	20	100	C1507	N	300	0.2	15
D905	N	1400	8	50	C2611	N	300	0.1	0.8
D2256	N	120	25	120	C1569	N	300	0.15	12.5
D871	N	1500	6	50	C2330	N	300	0.1	1
B1494	P	120	25	120	C1573	N	300	0.07	1
D1204	N	500	15	100	C2331	N	80	0.7	1
D718	N	120	8	80	C1627	N	80	0.4	0.8
D898	N	1500	3.5	50	C2655	N	60	2	0.9
B688	P	120	8	80	C1687	N	40	0.03	0.4
D1279	N	1400	10	50	C2688	N	300	0.2	10
D1435	N	100	15	100	C1756	N	300	0.2	15
D951	N	1500	3	65	C2653	N	350	0.2	15
B1031	P	100	15	100	C1740	N	50	0.1	0.3
C1942	N	1500	3	50	C2785	N	60	0.1	0.25

续表

型号	P/N	电压/V	电流/A	功率/W	型号	P/N	电压/V	电流/A	功率/W
D1173	N	1500	5	70	C1815	N	60	0.15	0.4
C2027	N	1500	5	50	C2878	N	50	0.3	0.4
D1175	N	1500	5	100	C1846	N	45	1	5
C3280	N	160	12	120	C3355	N	20	0.1	0.6
A1301	P	160	12	120	C1906	N	30	0.05	
C3281	N	200	15	150	C3417	N	300	0.1	5
C1959	N	35	0.5	0.5	C2594	N	40	5	10
C3419	N	40	0.8	5	D1406	N	60	3	30
C2001	N	30	0.7	0.6	C2500	N	30	2	0.9
C3420	N	50	5	10	A42	N	300	0.5	0.625
C2068	N	300	0.05	1.5	A1266	P	50	0.15	0.4
C3807	N	30	2	15	A92	P	300	0.05	0.0625
C2120	N	30	0.8	0.6	A1300	P	20	2	0.75
C3789	N	300	0.1	7	A44	N	500	0.3	0.625
C2026	N	30	0.05	0.25	A1309	P	60	0.1	0.3
C3198	N	60	0.15	0.4	A94	P	400	0.3	0.625
C2060	N	40	1	0.75	A1320	P	250	0.05	0.6
C4075	N	300	0.2	10	A562	P	30	0.4	0.3
C2229	N	200	0.05	0.8	A539	P	60	0.2	0.25
C4544	N	300	0.1	8	A564	P	25	0.1	0.4
C2230	N	200	0.1	0.8	A642	P	30	0.2	0.25
D400	N	25	1	1	A608	P	40	0.1	0.25
C2271	N	300	0.1	0.9	A984	P	60	0.5	0.5
D471	N	30	1	1	A673	P	50	0.5	0.4
C2258	N	300	0.1	4	A1150	P	35	0.8	0.5
D965	N	40	5	0.75	A683	P	30	1	1
C2240	N	120	0.1	0.3	A1011	P	180	1.5	25
D966	N	40	5	1	A684	P	60	1	1
C2482	N	300	0.1	0.9	A1598	P	60	7	25
D612	N	35	2	10	A733	P	60	0.1	0.25
C2236	N	30	1.5	0.9	A1698	P	300	0.07	1.2
D789	N	100	1	0.9	A788	P	150	0.05	0.2
C2371	N	300	0.1	10	A1668	P	200	2	25
D1640	N	120	2	1.2	A817	P	80	0.4	0.8
C2383	N	160	1	0.9	A1859A	P	180	2	20
D415	N	120	0.8	10	A844	P	55	0.1	0.3

续表

型号	P/N	电压/V	电流/A	功率/W	型号	P/N	电压/V	电流/A	功率/W
C2482	N	300	0.1	0.9	B562	P	25	1	0.5
C3946	N	350	0.2	15	A934	P	40	1	0.75
B564	P	30	1	1	D1651	N	1500	5	60
A933	P	50	0.1	0.3	C4278	N	150	10	100
B764	P	60	1	0.9	BU508A	N	1500	6	125
A937	P	50	0.1	0.3	A1633	P	150	10	100
B774	P	30	0.1	0.4	D1403	N	1500		120
A950	P	30	0.8	0.6	C3895	N	1500	7	60
B892	P	60	2	1	C3897	N	1500	10	70
A952	P	30	0.7	0.6	C5302	N	1500	15	75
B940	P	200	2	30	D1885	N	1500	6	60
A966	P	30	1.5	0.9	C4468	N	200	10	80
B946	P	130	7	40	D1886	N	1500	8	70
A1013	P	160	1	0.9	A1695	P	200	10	80
B1015	P	60	3	25	D1887	N	1500	10	70
A1015	P	50	0.15	0.4	TIP142	N	100	10	80
B1274	P	60	3	20	D1877	N	1500	4	50
A1018	P	200	0.07	0.75	TIP147	P	100	10	80
BUT11	N	1000	5	100	D1878	N	1500	5	60
A1020	P	50	2	0.9	C3907	N	180	12	130
BUT11F	N	1000	8	50	D1879	N	1500	6	60
A1048	P	50	0.15	0.2	A1516	P	180	12	130
BUT12F	N	1000	8	50	D1880	N	1500	8	70
A1175	P	60	0.1	0.25	C2837	N	150	10	100
BU406	N	400	7	60	D1881	N	1500	10	70
A1160	P	20	2	0.9	A1186	P	150	10	100
BUX87P	N	450	0.5	20	C4429	N	1100	8	60
A1162	P	50	0.15		C3858	N	200	17	200
BU806	N	200	8	60	C4769	N	1500	7	60
A1246	P	60	0.15	0.4	A1494	P	200	17	200
BU807	N	150	8	60	C5296	N	1500	8	60
D998	N	120	10	80	C2922	N	180	17	200
D1710	N	1500	5	100	C5297	N	1500	8	60
B778	P	120	10	80	A1216	P	180	17	200
C5298	N	1500	10	70	K727		900	5	125
C2921	N	160	15	150	IRFP150		100	40	180

续表

型号	P/N	电压/V	电流/A	功率/W	型号	P/N	电压/V	电流/A	功率/W
C5299	N	1500	10	70	K785		500	20	150
A1215	P	160	15	150	IRFP250		200	30	190
D1397	N	1500	3.5	80	K787		900	8	150
MJ15003	N	140	20	250	IRFP350		400	16	180
D1398	N	1500	5	80	K790		500	15	150
MJ15004	P	140	20	250	IRFP450		500	14	180
D1453	N	1500	3	50	K794		900	5	150
MJ15024	N	250	16	250	IRFP460		500	20	280
D1439	N	1500	3	50	K798		100	40	150
MJ15025	P	250	16	250	8NA80		800	8	150
C4424	N	1500	3	50	K1794		900	6	100
MJ11032	N	120	50	300	5N90		900	5	150
C3997	N	1500	20	250	MJ11033	P	120	50	300
MJ11033	P	120	50	300	C3998	N	1500	25	250
C3998	N	1500	25	250	HPA100	N	1500	10	150
HPA100	N	1500	10	150	IRF830		500	4.5	75
IRF830		500	4.5	75	K1180		500	10	85
K1180		500	10	85	IRF840		500	8	125
IRF840		500	8	125	K1181		500	13	85
K1181		500	13	85	BUZ90		600	4	75
BUZ90		600	4	75	K1938		500	18	100
K1938		500	18	100	BUZ91		600	8	150
BUZ91		600	8	150	K1916		450	18	80
K1916		450	18	80	6N60		600	6	125
6N60		600	6	125	K2611		900	9	150
K2611		900	9	150	60N60		600	60	150
60N60		600	60	150	K385		400	10	120
K385		400	10	120	K725		500	15	125
K725		500	15	125	K386		450	10	120
K386		450	10	120	K727		900	5	125
IRFP150		100	40	180	K413		140	8	100
K785		500	20	150	K1217		900	8	100
IRFP250		200	30	190	J118		140	8	100
K787		900	8	150	K1248		500	10	100
IRFP350		400	16	180	K399		100	10	100
K790		500	15	150	K2039		900	5	100

续表

型号	P/N	电压/V	电流/A	功率/W	型号	P/N	电压/V	电流/A	功率/W
IRFP450		500	14	180	J113		100	10	100
K794		900	5	150	K599		450	15	100
IRFP460		500	20	280	K1058		160	7	100
K798		100	40	150	K560		500	15	100
8NA80		800	8	150	J162		160	7	100
K1794		900	6	100	MJE13001	NPN	400	0.3	7
5N90		900	5	150	23N60		600	23	180
K1796		900	10	150	K1198		700	2	35
7N90		900	7	150	40N20		200	40	180
K1081		800	7	125	K1460		900	3.5	40
10NA60		1000	10	150	IRFP254		250	23	190
K1082		900	6	125	K1017		450	20	150
8NA100		1000	8	150	K428		60	10	50
K2485		900	6	100	K1018		500	18	125
9N80		800	9	150	J122		60	10	50
K1120		1000	8	150	K1358		900	9	150

表 A.5 场效应管主要参数表 1

型号	功率/W	电流/A	D-S极间耐压/V	型号	功率/W	电流/A	D-S极间耐压/V
2SK534	100	5	800	2SK1082	125	6	800
2SK538	100	3	900	2SK1117	100	6	600
2SK557	100	12	500	2SK1118	45	6	600
2SK560	100	15	500	2SK1119	100	4	1000
2SK566	78	3	800	2SK1120	150	8	1000
2SK644	125	10	500	2SK1171	240	5	1400
2SK719	120	5	900	2SK1198	75	3	800
2SK725	125	15	500	2SK1249	130	15	500
2SK727	125	5	900	2SK1250	150	20	500
2SK774	120	18	500	2SK1271	240	15	1400
2SK785	150	20	500	2SK1280	150	18	500
2SK787	150	8	900	2SK1281	120	4	700
2SK788	150	13	500	2SK1341	100	5	900
2SK790	150	15	500	2SK1342	100	8	900
2SK872	150	6	900	2SK1356	40	3	900
2SK955	150	9	800	2SK1357	125	5	900
2SK956	150	9	800	2SK1358	150	9	900

续表

型号	功率/W	电流/A	D-S极间耐压/V	型号	功率/W	电流/A	D-S极间耐压/V
2SK962	150	8	900	2SK1451	120	5	900
2SK1019	300	30	500	2SK1498	120	20	500
2SK1020	300	30	500	2SK1500	160	25	500
2SK1045	150	5	900	2SK1502	120	7	900
2SK1081	125	7	800	2SK1507	50	6	600
2SK1512	150	10	850	IRF840	125	8	500
2SK1531	150	15	500	IRF841	125	8	450
2SK1537	100	5	900	IRF842	125	7	500
2SK1539	150	10	900	IRF9610	20	1	200
2SK1563	150	12	500	IRF9630	75	6.5	200
2SK1649	100	6	900	IRF9640	125	11	200
2SK1794	150	6	900	IRF450	150	13	500
2SK2038	125	6	900	IRFD113	1	0.8	80
2N7000	0.4	0.2	60	IRFP151	180	19	60
BUZ385	125	6	500	IRFP240	150	31	200
GH30N60	180	30	600	IRFP250	180	31	200
GH30N100	250	30	1000	IRFP251	180	33	150
GH40N60	200	40	600	IRFP254	180	23	250
H1245	120	12	450	IRFP350	180	16	400
H13N50	150	13	500	IRFP351	180	16	350
IBF834	100	3	500	IRFP360	250	23	400
IPF440	125	8	500	IRFP450	180	14	500
IRT450	150	13	500	IRFP452	180	12	500
IRF350	150	13	500	IRFP460	250	20	500
IRF360	300	25	400	IRFBC40	125	6.2	600
IRF440	125	8	500	IRF4P51	180	14	450
IRF451	150	13	450	IXGH10N100	100	10	1000
IRF460	300	21	500	IXGH15N100	150	150	1000
IRF620	40	5	200	IXGH20N60	150	20	600
IRF630	75	9	200	IXTH50N30	150	50	300
IRF634	75	8.1	250	IXTH50X20	250	50	200
IRF640	125	18	200	IXTH67N10	200	67	100
IRF730	75	5.5	400	LXTH24N50	250	24	500
IRF740	125	10	400	LXTH30N20	180	30	200
IRF820	50	2.5	500	LXTH30N30	180	30	300

型号	功率/W	电流/A	D-S极间耐压/V	型号	功率/W	电流/A	D-S极间耐压/V
IRF830	75	4.5	500	LXTH30N50	300	30	500
IRF834	100	5	500	LXTH40N30	250	40	300
LXTH50N10	150	50	100	MTP6N60E	125	6	600
LXTH50N20	150	50	200	RFP50N05	132	50	50
LXTH67N70	200	67	100	RFP50N05L	110	50	50
LXTH75N10	200	75	100	D1175*	1500	5	100
MTH8N50	120	8	500	D1391*	1500	5	80
MTM6N80	120	6	800	D1398*	1500	5	50
METH10N50	120	10	500	D1403	1500	6	120
MTH12N50	120	12	500	D1426*	1500	3.5	80
MTH14N50	150	14	500	D1427*	1500	5	80
MTH20N20	120	20	200	D1428*	1500	6	80
MTH25N10	150	25	200	D1429*	1500	2.5	80
MTH30N10	120	30	100	D1431	1500	5	80
MTH35N15	150	35	150	D1432*	1500	6	80
MTH40N10	150	40	100	D1433*	1500	7	80
MTH8N60	120	8	600	D1439*	1500	3	50
MTM10N20	75	10	200	D1453	1500	3	50
MTM20N20	125	20	200	D1497*	1500	6	50
MTM25N10	100	25	100	D1545	1500	5	50
MTM30N10	120	30	100	D1547	1500	7	50
MTM40N10	150	40	100	D1554*	1500	3.5	40
MTM6N90	150	6	900	D1555*	1500	5	50
MTM8N50	100	8	500	D1556*	1500	6	50
MTM8N90	150	8	900	D1651*	1500	5	60
MTP3N60	75	3	600	D1652*	1500	6	60
MTP3N100	75	3	1000	D1710	1500	6	100
MTP4N60	50	4	600	D1878*	1500	6	50
MTP4N80	50	4	800	D1879*	1500	6	60
MTP5P25	75	5	250	D1880*	1500	8	70
MTP5N45	75	5	450	D1881*	1500	10	70
MTP5N50	75	5	500	D1884	1500	5	60
MTP6N60	125	6	600	D1885	1500	6	60
D1910*	1500	3	40	D1887	1500	10	70
D1959	1400	10	50	D2251*	1500	7	60
D2125*	1500	5	50	D2335	1500	7	100

注:*带阻尼。

表 A.6 场效应管主要参数表 2

型号	P/N	电压/V	电流/A	型号	P/N	电压/V	电流/A
C3148	N	800	3	MJE13007	N	400	8
C3309	N	400	2	MJE13009	N	400	12
C3310	N	400	5	A940	P	150	1.5
C4004	N	800	1	D1271	N	150	7
C388A	N	25	0.02	C2073	N	150	1.5
C3039	N	400	7	D1273A	N	100	3
C458	N	30	0.1	C3296		150	1.5
C2233	N	200	4	D1275A	N	80	2
C536	N	40	0.1	D667		120	1
C2373	N	200	7.5	D1266	N	80	3
C945	N	60	0.1	D669		180	1.5
C3852A	N	100	3	D1264A	N	200	2
C752	N	30	0.1	D880		60	3
C4834	N	400	8	D1309	N	150	8
C1047	N	30	0.02	D401		200	2
C1162	N	35	2.5	D1365	N	800	3
C1213	N	50	0.5	D882		40	3
D313	N	60	3	D1415	N	100	7
C1360	N	50	0.05	5609		50	0.8
C1383	N	30	1	D1499	N	100	5
D1071	N	450	6	D1762		60	3
C1473	N	300	0.07	D2025	N	100	8
BUW11A	N	1000	5	D1763		120	1.5
BUW12A	N	1000	10	TIP102	N	100	8
BUW13A	N	1000	15	TIP41C		100	5
BU2508AF	N	1500	8	TIP122		100	5
BU2508DF	N	1500	8	MJE13003	N	400	1.5
BU2508AX	N	1500	8	C2335	N	400	7
BU2508DX	N	1500	8	MJE13005	N	400	4
BU2520AF	N	1500	10	BU2520DF	N	1500	10
KSD5072	N	1500	5	BU2520AX	N	1500	10
KSD5076	N	1500	5	BU2520DX	N	1500	10
IRFBC40R		600	6.2	BU2522AX	N	1500	10
KSC5803	N	1500	7	BU2523AX	N	1500	10
KSC5386	N	1500	7	BU2527AX	N	1500	12

续表

型号	P/N	电压/V	电流/A	型号	P/N	电压/V	电流/A
IRF530	N	100	15	BU2527DX	N	1500	12
KSC5088	N	1500	8	C4236	N	1200	6
IRF9530	N	100	13	C4237	N	1200	10
KSD5702	N	1500	6	D1541	N	1500	3
IRF540	N	100	27	C4111	N	1500	10
IRF9540	N	100	19	MN650	N	1500	5
BUS13A	N	1000	15	C4058	N	600	10
IRF610		200	3.3	D2333	N	1500	5
BUS14A	N	1000	30	D2334	N	1500	5
IRF9610		200	1.8	D2335	N	1500	7
BUV48A	N	1000	15	C4706	N	900	14
IRF620		200	5	BUH715	N	1500	10
C3552	N	1100	12	C3927	N	900	10
IRF9620		200	5	C3679	N	900	5
C5386	N	1500	8	C5287	N	900	5
IRF630		200	9	D2445	N	1500	6
C4119	N	1500	15	C4745	N	1500	6
IRF9630		200	6.5	C4746	N	1500	8
IRF640		200	18	C5250	N	1500	8
IRF9640		200	11	C5207A	N	1500	10
IRF730		400	5.5	D2300	N	1500	5
IRF740		400	10	C4297	N	500	12
BC327	P	50	0.8	C4927	N	1500	8
BC337	N	50	0.8	D1959	N	1400	10
BC328	P	30	0.8	C4589	N	1500	10
BC338	N	30	0.8	C4877	N	1500	8
BC369	P	25	1	BC546	N	80	0.1
9014	N	50	0.1	BC547	N	50	0.1
9015	P	50	0.1	BC558	N	30	0.1
9016	N	30	0.025	BC556	P	80	0.1
9018	N	30	0.05	BC557	P	50	0.1
8050	N	40	1.5	9011	N	50	0.03
8550	P	40	1.5	9012	P	40	0.5
2N5551	N	180	0.6	9013	N	40	0.5
2N5401	P	180	0.6				

附录 B 二极管和稳压芯片参数

表 B.1 常用二极管参数表

器件分类性能种类	元件型号	主要参数 耐压/V	主要参数 电流/A	封装形式	元件标识	备注
普通整流二极管	1N5391	50	1.5	DO-15		
普通整流二极管	1N5392	100	1.5	DO-15		
普通整流二极管	1N5393	200	1.5	DO-15		
普通整流二极管	1N5394	300	1.5	DO-15		
普通整流二极管	1N5395	400	1.5	DO-15		
普通整流二极管	1N5396	500	1.5	DO-15		
普通整流二极管	1N5397	600	1.5	DO-15		
普通整流二极管	1N5398	800	1.5	DO-15		
普通整流二极管	1N5399	1000	1.5	DO-15		
高压整流二极管	R1200	1200	0.2	DO-15		
高压整流二极管	R1500	1500	0.2	DO-15		
高压整流二极管	R1800	1800	0.2	DO-15		
高压整流二极管	R2000	2000	0.2	DO-15		
高压整流二极管	R2500	2500	0.2	DO-15		
高压整流二极管	R3000	3000	0.2	DO-15		
高压整流二极管	R4000	4000	0.2	DO-15		
高压整流二极管	R5000	5000	0.2	DO-15		
高压整流二极管	HVM5	5 k	0.35	HVM		
高压整流二极管	HVM10	10 k	0.35	HVM		
高压整流二极管	HVM12	12 k	0.35	HVM		
高压整流二极管	HVM14	14 k	0.35	HVM		
高压整流二极管	HVM15	15 k	0.35	HVM		
高压整流二极管	HVM16	16 k	0.35	HVM		
普通硅整流二极管	BY251	200	1	DO-27		
普通硅整流二极管	1N5400	50	3.0	DO-27		
普通硅整流二极管	1N5401	100	3.0	DO-27		
普通硅整流二极管	1N5402	200	3.0	DO-27		
普通硅整流二极管	1N5404	400	3.0	DO-27		
普通硅整流二极管	1N5406	600	3.0	DO-27		
普通硅整流二极管	1N5407	800	3.0	DO-27		
普通硅整流二极管	1N5408	1000	3.0	DO-27		
普通硅整流二极管	BY255	1300	1	DO-27		
高效整流二极管	HER301	50	3	DO-27		
高效整流二极管	HER308	1000	3	DO-27		
高效整流二极管	HER501	50	5	DO-27		

续表

器件分类 性能种类	元件型号	主要参数		封装形式	元件标识	备注
		耐压/V	电流/A			
高效整流二极管	HER507	800	5	DO-27		
高效开关二极管	1N4148	100	0.2	DO-35		
高效开关二极管	1N4150	50	0.2	DO-35		
高效开关二极管	1N4151	75	0.2	DO-35		
高效开关二极管	1N4154	75	0.2	DO-35		
高效开关二极管	1N4448	100	0.2	DO-35		
高效开关二极管	1N4454	75	0.2	DO-35		
高效开关二极管	1N957	6.8		DO-35		
高效开关二极管	1N978	51		DO-35		
贴片二极管	DL914	100		DL-35		
贴片二极管	LL4148	75		DL-35		
普通硅整流二极管	1N4001	50	1	DO-214AC		
普通硅整流二极管	1N4002	100	1	DO-214AC		
普通硅整流二极管	1N4003	200	1	DO-214AC		
普通硅整流二极管	1N4004	400	1	DO-214AC		
普通硅整流二极管	1N4005	600	1	DO-214AC		
普通硅整流二极管	1N4006	800	1	DO-214AC		
普通硅整流二极管	1N4007	1000	1	DO-214AC		
普通硅整流二极管	1N4007	1200	1	DO-214AC		
普通硅整流二极管	M1	50	1	DO-214AC		
普通硅整流二极管	M2	100	1	DO-214AC		
普通硅整流二极管	M7	1000	1	DO-214AC		
普通硅整流二极管	1A1	50	1	R-1		
普通硅整流二极管	1A2	100	1	R-1		
普通硅整流二极管	1A7	1000	1	R-1		
普通硅整流二极管	6A05	50	6	R-6		
普通硅整流二极管	6A1	100	6	R-6		
普通硅整流二极管	6A2	200	6	R-6		
普通硅整流二极管	6A10	1000	6	R-6		
贴片开关二极管	HBAV70	70	0.2	SOT-23		
贴片开关二极管	BAV74	50	0.2	SOT-23		
贴片开关二极管	MMBD914	100		SOT-23		
贴片开关二极管	BAL99	100		SOT-23		
贴片开关二极管	BAS19	120		SOT-23		
贴片开关二极管	BAS20	180		SOT-23		

续表

器件分类 性能种类	元件 型号	主要参数		封装形式	元件标识	备注
		耐压/V	电流/A			
贴片开关二极管	BAS21	250		SOT-23		
贴片开关二极管	BAV70	100		SOT-23		
贴片开关二极管	BAV99	100		SOT-23		
贴片开关二极管	BAW56	100		SOT-23		
贴片开关二极管	MMBD4148	100		SOT-23		
贴片开关二极管	MMBD4448	100		SOT-23		

表 B.2 集成稳压芯片参数表

型号	稳压值/V	最大输出电流/A	型号替代
79L05	-5	0.1	
79L06	-6	0.1	
79L08	-8	0.1	
LM7805	5	1	L7805，LM340T5
LM7806	6	1	L7806
LM7808	8	1	L7808
LM7809	9	1	L7809
LM7812	12	1	L7812，LM340T12
LM7815	15	1	L7815，LM340T15
LM7818	18	1	L7818
LM7824	24	1	L7824
LM7905	-5	1	L7905
LM7906	-6	1	L7906，KA7906
LM7908	-8	1	L7908
LM7909	-9	1	L7909
LM7912	-12	1	L7912
LM7915	-15	1	L7915
LM7918	-18	1	L7918
LM7924	-24	1	L7924
78L05	5	0.1	
78L06	6	0.1	
78L08	8	0.1	
78L09	9	0.1	
78L12	12	0.1	
78L15	15	0.1	
78L18	18	0.1	
78L24	24	0.1	

表 B.3 发光二极管主要参数

型号	工作电流 I_F/mA	正向电压 U_F/V	发光强度 I_O/mA	最大工作电流 I_{FM}/mA	反向耐压 U_{BR}/V	发光颜色	封装
2EF401 2EF402	10	1.7	0.6	50	≥7	红色	⌀5.0
2EF411 2EF412	10	1.7	0.5 0.8	30	≥7	红色	⌀3.0
2EF441	10	1.7	0.2	40	≥7	红色	5×1.9
2EF501 2EF502	10	1.7	0.2	40	≥7	红色	⌀5.0
2EF551	10	2	1.0	50	≥7	黄绿	⌀5.0
2EF601 2EF602	10	2	0.2	40	≥7	黄绿	5×1.9
2EF641	10	2	1.5	50	≥7	红色	⌀5.0
2EF811 2EF812	10	2	0.4	40	≥7	红色	5×1.9
2EF841	10	2	0.8	30	≥7	黄色	⌀3.0

表 B.4 硅光敏二极管主要参数

型号	最高反向工作电压 U_{BR}/V	暗电流 I_D/μA	光电流 I_L/μA	峰值波长 Λ_P/Å	响应时间 t_r/ns	封装
2CU1A	10	≤0.2	≥80	8800	≤5	ET
2CU1B	20					
2CU1C	30					
2CU1D	40					
2CU1E	50					
2CU2A	10	≤0.1	≥30			
2CU2B	20					
2CU3C	30					
2CU4D	40					
2CU5E	50					
测试条件	$I_R = I_D$	无光照 $U = U_{RM}$	照度 H = 1000 lx $U = U_{RM}$		$R_L = 50\ \Omega$ $U = 10$ V $f = 300$ Hz	

附录 C 学生科技创新部分作品及实习制作部分产品

1. 学生科技创新部分作品

采用有机玻璃、电子元器件、印制电路板等材料手工制作。

（1）手工制作的产品——收音机，如图 C.1 所示。

图 C.1 收音机

（2）手工制作的产品——数字钟，如图 C.2 所示。

图 C.2 数字钟

（3）手工制作的产品——直流稳压电源，如图 C.3 所示。

图 C.3 直流稳压电源

2. 实习制作的电子产品

实习制作的电子产品示例,如图 C.4~图 C.9 所示。

图 C.4　手工制作的电子产品

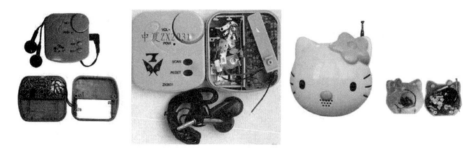

图 C.5　SMT 工艺实习产品

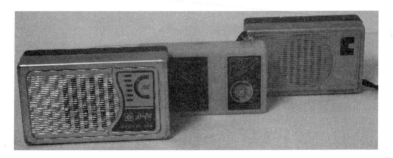

图 C.6　电子工艺实习产品

图 C.7　电子技术实习产品

图 C.8　电子工艺实习产品

图 C.9　电子工艺实习产品

附录 D   部分常用数字集成电路引脚排列图

（1）4 线至 7 段译码器/驱动器（74LS48），如图 D.1 所示。
（2）4 路 2-3-3-2 输入与非门（74LS54），如图 D.2 所示。

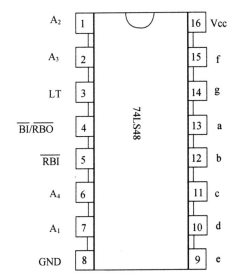

图 D.1 4 线至 7 段译码器/驱动器（74LS48）　　图 D.2 4 路 2-3-3-2 输入与非门（74LS54）

（3）4-2 输入与非门六（74LS00），如图 D.3 所示。
（4）反向器（74LS04），如图 D.4 所示。

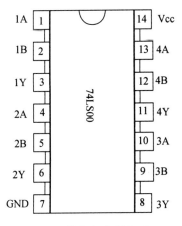 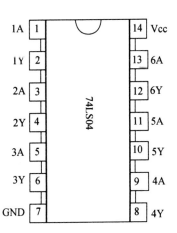

图 D.3 4-2 输入与非门六（74LS00）　　图 D.4 反向器（74LS04）

(5) 3-3 输入与非门（74LS10），如图 D.5 所示。
(6) 双四输入与非门（74LS20），如图 D.6 所示。

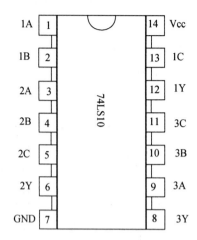

图 D.5　3-3 输入与非门（74LS10）

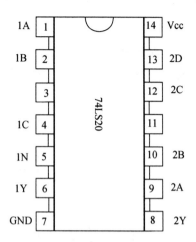

图 D.6　双四输入与非门（74LS20）

(7) 双下降沿 JK 触发器（74LS76），如图 D.7 所示。
(8) 4-2 输入异或门（74LS86），如图 D.8 所示。

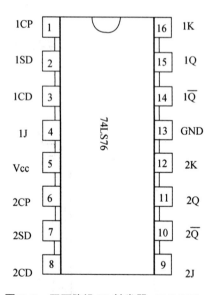

图 D.7　双下降沿 JK 触发器（74LS76）

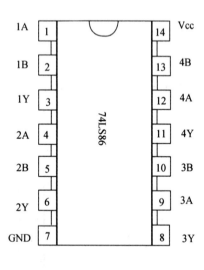

图 D.8　4-2 输入异或门（74LS86）

（9）十进制同步计数器（异步清除，74LS160），如图 D.9 所示。

（10）4 位二进制同步计数器（异步清除，74LS161），如图 D.10 所示。

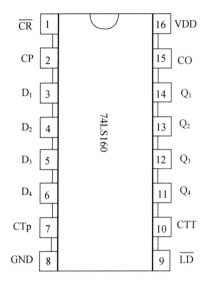

图 D.9 十进制同步计数器
（异步清除，74LS160）

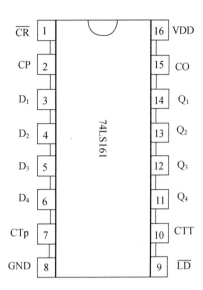

图 D.10 4 位二进制同步计数器
（异步清除，74LS161）

（11）4-2 输入与非门（CC4011），如图 D.11 所示。

（12）双四输入与非门（CC4012），如图 D.12 所示。

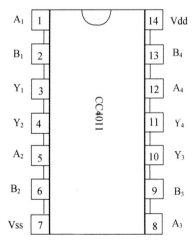

图 D.11 4-2 输入与非门（CC4011）

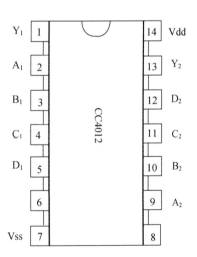

图 D.12 双四输入与非门（CC4012）

(13) 四 R-S 锁存器（3S，CC4043），如图 D.13 所示。

(14) 六反相器（CC4069），如图 D.14 所示。

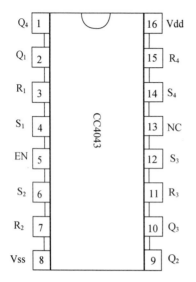

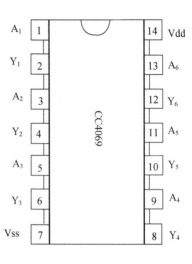

图 D.13　四 R-S 锁存器（3S，CC4043）　　　图 D.14　六反相器（CC4069）

(15) 4-2 输入与门（CC4081），如图 D.15 所示。

(16) 双定时器（CC7556），如图 D.16 所示。

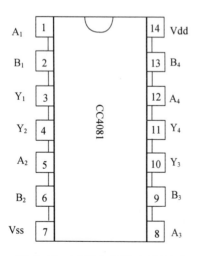

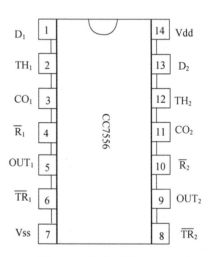

图 D.15　4-2 输入与门（CC4081）　　　图 D.16　双定时器（CC7556）

(17) 定时器（CC7555），如图 D.17 所示。

图 D.17 定时器（CC7555）

(18) 4 线至 7 段译码器/驱动器（CD4511），如图 D.18 所示。

(19) 双十进制计数器（CD4518），如图 D.19 所示。

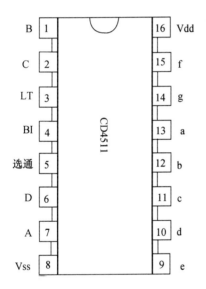 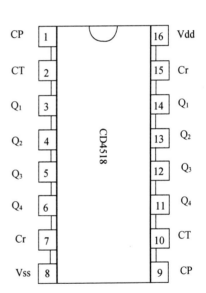

图 D.18 4 线至 7 段译码器/驱动器（CD4511）　　图 D.19 双十进制计数器（CD4518）

附录 E 部分常用数码管、光耦合器及双向晶闸管主要参数

表 E.1 BS 系列数码管主要参数

型号	正向压降 U_F/V	最大工作电流 I_{FM}/mA	最大功耗 P_M/mA	反向击穿电压 U_{BR}/V	发光强度 $I_O/\mu cd$	结构	字高 mm
BS201	≤1.8	40	150	≥5	150	共阴	8
BS202	≤1.8	200	300			共阴	8
BS204	≤1.8	200	300			共阳	7.6
BS205	≤1.8	200				共阴	7.6
BS206	≤1.8	200	600			共阳	12.6
BS207	≤1.8	400				共阴	12.6
BS209	≤1.8	150	400			共阳	7.5
BS210	≤1.8					共阴	7.5

表 E.2 常用双向晶闸管主要参数

型号	重复峰值电压 U_{DRM}、U_{RRM}/V	额定正向平均电流 I_F/A	控制触发电压 U_G/V	控制触发电流 I_G/mA	封装
3CTS1	400~1000	1	≤3	≤50	TO-92
3CTS2	400~1000	2	≤3	≤50	TO-92
3CTS3	400~1000	3	≤3	≤50	TO-202
3CTS4	400~1000	4	≤3	≤50	TO-202
3CTS5	400~1000	5	≤3	≤50	TO-202
MAC97-2	50	0.6	2~2.5	10	TO-226
MAC97-3	100	0.6	2~2.5	10	TO-226
MAC97-4	200	0.6	2~2.5	10	TO-226
MAC97-5	300	0.6	2~2.5	10	TO-226
MAC97-6	400	0.6	2~2.5	10	TO-226
MAC97-7	500	0.6	2~2.5	10	TO-226
MAC97-8	600	0.6	2~2.5	10	TO-226
2N6069A	50	4.0	2.5	5.0~10	TO-226
2N6070A	100	4.0	2.5	5.0~10	TO-226
2N6071A	200	4.0	2.5	5.0~10	TO-226
2N6072A	300	4.0	2.5	5.0~10	TO-226
2N6073A	400	4.0	2.5	5.0~10	TO-226
2N6074A	500	4.0	2.5	5.0~10	TO-226
2N6075A	600	4.0	2.5	5.0~10	TO-226
2N6342	200	8.0	2.0~2.5	50~75	TO-220
2N6343	400	8.0	2.0~2.5	50~75	TO-220
2N6344	600	8.0	2.0~2.5	50~75	TO-220
2N6345	800	8.0	2.0~2.5	50~75	TO-220

表 E.3 常用通用光耦合器主要参数

型号	结构	正向压降 U_F/V	反向击穿电压 $U_{(BR)CEO}/V$	饱和压降 $U_{CE(sat)}/V$	电流传输比 CTR/%	输入输出间绝缘电压 U_{ISO}/V	上升下降时间 t_r、$t_f/\mu s$	封装
TIL112	晶体管输出单光耦合器	1.5	20	0.5	2.0	1500	2.0	6脚DIP封装
TIL114		1.4	30	0.4	8.0	2500	5.0	
TIL124		1.4	30	0.4	10	500	2.0	
TIL116		1.5	30	0.4	20	2500	5.0	
TIL117		1.4	30	0.4	50	2500	5.0	
4N27		1.5	30	0.5	10	1500	2.0	
4N26		1.5	30	0.5	20	1500	0.8	
4N35		1.5	30	0.3	100	3500	4.0	
TIL118	晶体管输出（无基极引脚）	1.5	20	0.5	10	1500	2.0	
TIL113	复合管输出	1.5	30	1.0	300	1500	300	
TIL127		1.5	30	1.0	300	5000	300	
TIL156		1.5	30	1.0	300	3535	300	
4N31		1.5	30	1.0	50	1500	2.0	
4N30		1.5	30	1.0	100	1500	2.0	
4N33		1.5	30	1.0	500	1500	2.0	
TIL119	复合管输出（无基极引脚）	1.5	30	1.0	300	1500	300	
TIL128		1.5	30	1.0	300	500	300	
TIL157		1.5	30	1.0	300	3535	300	
H11AA1	交流输入、晶体管输出单光耦合器	1.5	30	0.4	20	2500	—	
H11AA2		1.5	30	0.4	10	2500	—	

附录 F 电子技术实习检测报告格式

电子实习元器件检测报告封面如图 F.1 所示。

电子实习元器件检测报告

（　　～　　学年第　　学期）

学院_____

系部_____

小组_____

班级_____

时间_____

指导教师_____

小组成员_____

图 F.1 电子实习元器件检测报告封面

1. "电子工艺实习"元器件检测作业示例

第一题：测、读出电阻器的主要参数，并填入表F.1中。

表F.1　测、读出电阻器的主要参数

项目代号	名称	实物粘贴	色环图	读数	测量值	表型	工艺参数书写
R5	电阻		棕黑棕金	100 Ω	96 Ω	MF-47	RT-0.25 W-100 Ω±5%

第二题：测、读出电容的主要参数，并填入表F.2中。

表F.2　测、读出电容的主要参数

项目代号	标识	名称	实物粘贴	读数	测量值	表型	质量	工艺参数书写
C3	104	瓷片电容		0.1 μF	0.1 μF	数字表	好	CC-50 V-0.1 μF-±20%

第三题：测、读出三极管的主要参数，并填入表F.3中。

表F.3　测、读出三极管的主要参数

项目代号	名称	实物粘贴	放大倍数	极性	Iceo	档位	表型	型号	质量
BG1	三极管		90	NPN		R×100	MF-47	8050D	性能良好

第四题：测、绘出电感的主要参数及图形，并填入表F.4中。

表F.4　测、绘出电感的主要参数及图形

项目代号	名称	实物粘贴	图形	测量值	表型	质量	参数
T1	中周					好	

2. "电子实习"元器件检测作业示例

(1) 计数器检测报告表，如表 F.5 所示。

表 F.5 计数器检测报告表

计数器名称	实际接线图	电路技术说明	备注
十进制			
八进制	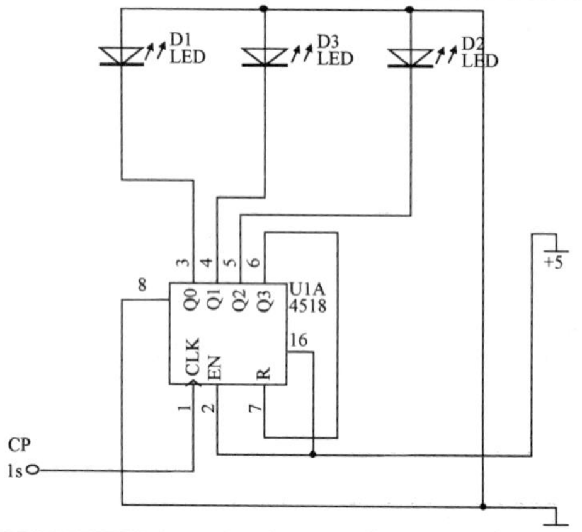 （八进制计数器接线图：D1、D3、D2 LED 接 Q0、Q1、Q2/Q3；U1A 4518，CLK-1、EN-2、R-7、Q0-3、Q1-4、Q2-5、Q3-6、16-+5；CP 1s）		
六十进制			
二十四进制			
一百进制			
结论			

(2) 元器件检测报告表，如表 F.6 所示。

表 F.6 元器件检测报告表

元件名称、型号	元件引脚图形	测量电路接线图	技术说明
CD4011（4—2 输入与非门）	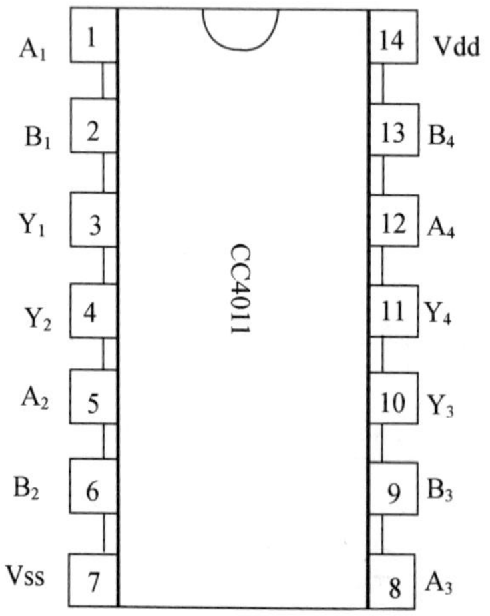 CC4011 引脚图：A_1-1、B_1-2、Y_1-3、Y_2-4、A_2-5、B_2-6、V_{ss}-7；Vdd-14、B_4-13、A_4-12、Y_4-11、Y_3-10、B_3-9、A_3-8		
CD4518（双十进制计数器）			
CD4511（4 线至 7 段译码器/驱动器）			
BS311201（共阴数码管）			

3. "电子技术实习"元器件检测作业示例

第一题：测、读出电阻的主要参数，并填入表 F.7 中。

表 F.7　测、读出电阻的主要参数

项目代号	名称	标识	实物粘贴	绘制色环图	读数	测量值	量程	表型	参数

第二题：测、读出电容的主要参数，并填入表 F.8 中。

表 F.8　测、读出电容的主要参数

项目代号	标识	名称	实物粘贴	读数	测量值	表型	质量	工艺参数书写

第三题：测、读出三极管的主要参数，并填入表 F.9 中。

表 F.9　测、读出三极管的主要参数

项目代号	标识	名称	实物粘贴	极性	放大倍数	挡位	表型	说明	引脚排列图

第四题：测、读出二极管的主要参数，并填入表 F.10 中。

表 F.10　测、读出二极管的主要参数

项目代号	名称	实物粘贴	标识	极性图	R×1k 正、反向阻值	反向耐压	正向电流	表型	说明
D1	二极管		IN4148					MF-47	性能良好

第五题：测、绘出电源变压器的参数及接线图，并填入表 F.11 中。

表 F.11　测、绘出电源变压器的参数及接线图

项目代号	名称	接线图形	测量值		表型	性能判定	标志	初、次级电压
			初级	次级				
	电源变压器							

第六题：绘出开关的通断图形，并填入表 F.12 中。

表 F.12　绘出开关的通断图形

项目代号	标识	名称	实物粘贴	图形	挡位	表型	质量	备注
A		微动开关						

4. "万用表组装实习"元器件检测作业示例

第一题：测、读出电阻的主要参数，并填入表 F.13 中。

表 F.13　测、读出电阻的主要参数

项目代号	名称	实物粘贴	色环图	读数	测量值	表型	工艺参数书写

第二题：测、读出电容的主要参数，并填入表 F.14 中。

表 F.14　测、读出电容的主要参数

项目代号	标识	名称	实物粘贴	读数	测量值	表型	质量	工艺参数书写

第三题：测、读出二极管的主要参数，并填入表 F.15 中。

表 F.15　测、读出二极管的主要参数

项目代号	名称	实物粘贴	标识	极性图	R×1k 正、反向阻值	反向耐压	正向电流	表型	说明
D1	二极管		IN4007					MF-47	性能良好

5. "SMT 工艺实习"元器件检测作业示例

第一题：测、读出贴片电阻的参数，并填入表 F.16 中。

表 F.16　测、读出贴片电阻的参数

项目代号	名称	实物粘贴	标识	读数	测量值	表型	参数
	贴片电阻		1963			MF-47	

第二题：测、读出贴片电容的参数，并填入表 F.17 中。

表 F.17 测、读出贴片电容的参数

项目代号	标识	名称	实物粘贴	读数	测量值	表型	质量	参数
		贴片电容						

第三题：测、读出贴片二极管的参数，并填入表 F.18 中。

表 F.18 测、读出贴片二极管的参数

项目代号	名称	实物粘贴	标识	极性图	R×1k 正、反向阻值	反向耐压	正向电流	表型	说明
	贴片二极管		M7					MF-47	性能良好

第四题：测、读出贴片三极管的参数，并填入表 F.19 中。

表 F.19 测、读出贴片三极管的参数

项目代号	标识	名称	实物粘贴	极性	放大倍数	挡位	表型	说明	引脚排列图
		贴片三极管							

第五题：测出电感线圈的参数，并填入表 F.20 中。

表 F.20 测出电感线圈的参数

项目代号	标识	名称	实物粘贴	电感值	原理图形	挡位	表型	说明	直流电阻

说明：可根据实践教学和组装的电子产品设计表格。

附录 G "电子产品制作工艺与实训"实习项目信息表

项目名称	项目内容	计划课时	成绩比例	适用专业	适用院校
电子工艺实习	1. 收音机装配	1 周/30 课时/每天 6 课时	1. 平时 10% 2. 实操 70% 3. 实习报告 20% 最后成绩按优秀、良好、中等、及格、不及格五级制评定	电气工程及其自动化、自动化、材料成型及控制工程、汽车电子、机械电子工程、数控技术、机械设计制造及其自动化、车辆工程、网络工程、电子信息工程、通信工程、应用电子技术、轨道交通信号与控制等	1. 理工类应用型本科院校 2. 高职高专
SMT 工艺实习	2. SMT 收音机装配	1 周/30 课时/每天 6 课时			1. 理工类院校 2. 高职高专
电路设计实习	3. 万用表设计、组装与调试	1. 设计 1 周 2. 组装与调试 1 周			1. 理工类院校 2. 高职高专
电子实习	4. 直流稳压电源设计与装配	1. 设计 1 周 2. 装配 1 周			1. 高职高专
电子技术实习	1. 数字钟设计与制作	1. 设计 1 周 2. 制作 1 周（数字电子技术实验箱）			1. 理工类应用型本科院校 2. 高职高专
数字电子技术实习	1. 数字钟装配	1 周/30 课时/每天 6 课时			1. 理工类应用型本科院校 2. 高职高专
电子产品综合实习 1. 电子产品设计 2. 电子产品制作 3. 电子产品质量检测	1. 直流稳压电源 2. 正弦信号发生器 3. 计数器 4. 水位控制器 5. 双声光报警电路 6. 产量计数器 7. 电子小喇叭	1. PCB 设计 1 周 2. PCB 制作 1 周 3. 电子产品质量检测 1 周			1. 理工类应用型本科院校 2. 高职高专

附录 H 学生实习报告成绩表

×××××× 学院
学生实习成绩表

评定项目	平　　时	实　　操	实习报告	总评成绩
项目成绩				
评阅时间	年　　　月　　　日			
备注				

说明：

1. 评定项目成绩按比例换算成百分比成绩，总评成绩按"五级制"书写；实习报告要有批阅，最后书写"阅"字。

2. 实操成绩：实习过程及结果成绩，包括扣分项在内。

3. 评阅时间：××××年××月××日。

4. 实习报告不交者成绩按"不及格"处理。

5. 旷课半天者实习成绩按"不及格"处理。

参 考 文 献

[1] 栾良龙,李祥立. 电子技术实训教程 [M]. 大连:大连理工大学出版社,2008.
[2] 王廷才. 电子线路 CAD Protel 99SE [M]. 北京:机械工业出版社,2010.
[3] 王卫平,陈粟宋. 电子产品制造工艺 [M]. 北京:高等教育出版社,2005.
[4] 张立毅,王华奎. 电子工艺学教程 [M]. 北京:北京大学出版社,2007.
[5] 王俊峰. 电子产品开发设计与制作 [M]. 北京:人民邮电出版社,2005.
[6] 那文鹏. 电子产品技术文件编制 [M]. 北京:人民邮电出版社,2004.
[7] 王廷才,赵德申. 电子技术实训 [M]. 北京:高等教育出版社,2003.
[8] 王卫平. 电子工艺技术 [M]. 北京:电子工业出版社,1997.
[9] 王俊峰,裴炳南,等. 电子产品的设计与制作工艺 [M]. 北京:北京理工大学出版社,2005.
[10] 陈国培. 电子技能实训中级篇 [M]. 北京:人民邮电出版社,2007.
[11] 费小平. 电子整机装配实习 [M]. 北京:电子工业出版社,2002.
[12] 毕满清. 电子工艺实习教程 [M]. 北京:国防工业出版社,2009.
[13] 伍季松. 电子实训与产品制作 [M]. 北京:北京理工大学出版社,2009.
[14] 李伟民,苏伯贤. 电子整机装配实训 [M]. 北京:北京理工大学出版社,2008.
[15] 蔡建军. 电子产品工艺与标准化 [M]. 北京:北京理工大学出版社,2008.